Abastecimiento de Agua por Gravedad

Concepción, diseño y dimensionado para proyectos de Cooperación

Primera Edición.
Enero 2008.

Santiago Arnalich

Abastecimiento de Agua por Gravedad

Concepción, diseño y dimensionado para proyectos de Cooperación

Primera Edición.
Enero 2008.

ISBN: 978-84-612-1838-7

Si desea utilizar parte de los contenidos de este libro, póngase en contacto con el autor en arnalich@uman.es.

Foto de la portada: Trazando el recorrido de la tubería en Kabul, Afganistán.

Revisión técnica: José Luis Diago Usó.

Depósito Legal: M-5999-2008

AVISO IMPORTANTE: La información contenida en este libro se ha obtenido de fuentes verosímiles y respetadas internacionalmente. Sin embargo, ni UMAN ni el autor pueden garantizar la exactitud de la información publicada aquí y no serán responsables de cualquier error, omisión o daño causado por el uso de esta información. Se entiende que se está publicando información pero en ningún caso intentando proporcionar servicios profesionales de ingeniería. Si se requieren estos servicios, se debe buscar la asistencia de un profesional adecuado.

A Federica y Kelba

Índice

1. Introducción

1. 1 SOBRE ESTE LIBRO

Este libro quiere darte rápidamente las herramientas necesarias para acometer con éxito un proyecto de abastecimiento de agua por gravedad. Probablemente estés ya ante un caso real y no tengas el tiempo de hacer una revisión exhaustiva para ponerte al día. Se ha pretendido que sea:

99 % libre de grasa. Sin explicaciones meticulosas o demostraciones interminables. Sólo se ha incluido lo que vas a necesitar.

Simple. Una de las causas frecuentes de fracaso es que la complicación y el exceso de rigor acaba intimidando y se dejan cosas sin hacer. Aun a riesgo de caer en el insulto, las explicaciones no dan casi nada por obvio.

Cronólogico. Sigue aproximadamente el orden lógico en el que harías el proyecto.

Práctico. Con abundantes ejemplos de cálculo.

Autocontenido. Se ha supuesto que estás en un lugar remoto sin acceso fácil a la información y se incluye toda la que es imprescindible. Aun así, se dan enlaces a fuentes de información adicionales.

Aunque los canales y los acueductos también funcionan por gravedad, no se tratan en el libro por ser menos frecuentes y para mantener el contenido manejable.

1. 2 ¿QUÉ ES EL ABASTECIMIENTO DE AGUA POR GRAVEDAD?

Son los sistemas de abastecimiento de agua en la que el agua cae por su propio peso desde una fuente elevada hasta los consumidores situados más abajo. La energía utilizada para el desplazamiento es la energía potencial que tiene el agua en virtud de su altura.

Fig. 1.2a. Excavación de la zanja para la tubería, Qoli Abchakan, Afganistán.

Las ventajas principales de esta configuración son:

1. No hay gastos de bombeo.
2. El mantenimiento es pequeño porque apenas tienen partes móviles.
3. La presión del sistema se controla con mayor facilidad.
4. Robustez y fiabilidad.

En Cooperación al Desarrollo tienen una gran aplicación porque permiten la distribución de una gran cantidad de agua por persona a un coste fácilmente asumible por las comunidades.

Proyectos mixtos

Incluso los sistemas bombeados suelen diseñarse para distribuir el agua por gravedad a partir de un punto determinado. Por ejemplo, este sistema en Somalia bombea el agua desde un sondeo hasta el depósito elevado, y a partir de allí, el agua se distribuye por gravedad a los abrevaderos:

Fig. 1.2b. Sistema mixto en una ruta nómada. Awr Culus, Somalia.

Un montaje típico consiste en bombear desde un río, lago, embalse, sondeo o pozo tradicional hasta un depósito y desde allí abastecer por gravedad. Como el agua se despresuriza al salir de la tubería en el depósito, la bomba no tiene efecto aguas abajo del depósito. Esto permite dividir el sistema en una parte bombeada y una gravitatoria.

1. 3 TIPOS DE REDES DE DISTRIBUCIÓN

Fundamentalmente hay dos tipos, con características y comportamientos distintos:

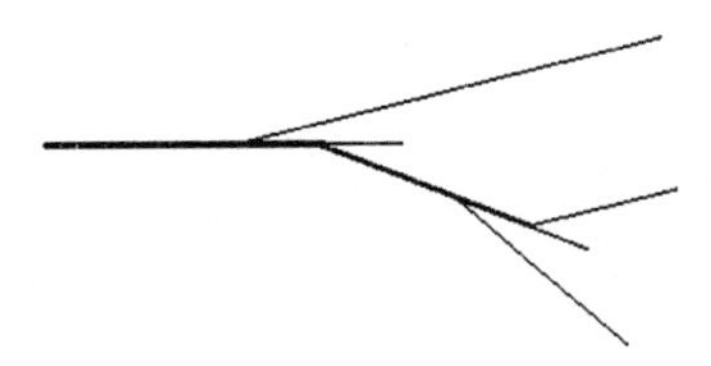

a. **Ramificadas** o arborescentes. Son redes que no cierran bucles. En ellas el agua circula en una sola dirección. Su ventaja principal es que son baratas, rápidas de construir y sencillas de calcular. Sus desventajas principales son que una avería en un punto cierra todo el sistema aguas abajo, que tienen problemas de calidad por estancamiento del agua, que no se pueden ampliar fácilmente y que necesitan determinar la demanda en cada punto con precisión. Son poco tolerantes a errores de cálculo o apreciación y arriesgadas con datos poco fiables.

b. **Malladas**. Cierran bucles permitiendo que el agua circule en cualquier dirección. Esto las hace más difíciles de calcular, pero más tolerantes a errores, más resistentes a las averías y con menos problemas de estancamiento de agua.

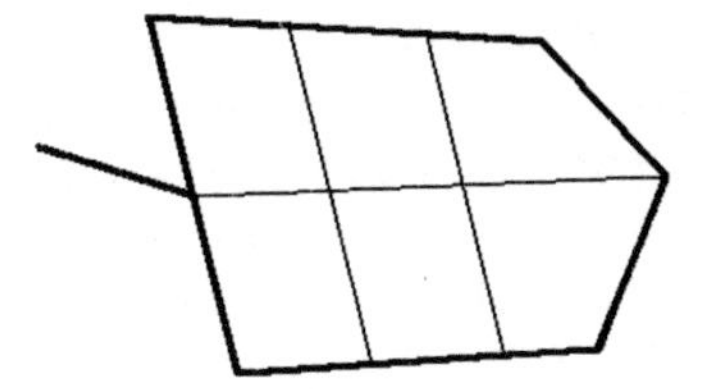

1. 4 EL AGUA Y LA ENERGIA

Todo el proceso de cálculo de una red va a ir orientado a controlar la cantidad de energía que tiene el agua en cada punto. Y es que para transportar agua de un punto a otro hace falta energía. En los proyectos por gravedad será la energía gravitatoria, llamada **energía potencial** la que mueva el agua y por eso es fundamental comprender qué contribuye a su nivel de energía:

> La **velocidad**. El agua que se mueve tiene energía por su movimiento, tiene energía cinética. Para detenerla hará falta disipar esa energía.
>
> La **altura**. Si un objeto está algunos metros sobre el suelo tiene más energía potencial que uno de su mismo peso a ras de suelo. Podrá caer transformando la energía potencial en velocidad. Si tiene velocidad y se enfrenta a una cuesta arriba, subirá hasta que haya transformado toda la energía cinética en energía potencial.
>
> El **peso de la columna de agua**. En una masa de agua, cada molécula soporta el peso de todas las que están encima. Este peso aumentará su energía. Si el agua esta en un tubo con forma de U, este peso hará subir el nivel en la otra rama del tubo hasta que se equilibren a la misma altura.

Todo esto se resume en la ecuación de Bernoulli: $H = Z + \frac{P}{\gamma} + \frac{V^2}{2g}$

H es la energía total del sistema expresada en metros de columna de agua y cada uno de los tres términos que siguen son justamente los parámetros que acabamos de mencionar:

$+\frac{V^2}{2g}$ Velocidad ; $+\frac{P}{\gamma}$ Peso Columna ; Z Altura

En los sistemas de agua por gravedad la velocidad es muy baja y el componente de velocidad se puede despreciar. La altura se puede medir.

La presión es la fuerza (peso en este caso) entre la superficie sobre la que se reparte. El peso depende del volumen de agua contenida. Como un aumento de superficie aumenta el peso y la superficie sobre la que se reparte en la misma proporción, la altura de la columna de agua es la única dimensión que cambia la presión. Así, se puede expresar la presión en metros de columna de agua (mca) que es más cómodo e intuitivo. A un metro de profundidad la presión es un metro. A diez metros la presión es 10 metros.

La ecuación de Bernoulli se vuelve menos intimidante y se convierte en:

H = Altura + Profundidad

Cuando el agua está en reposo en un recipiente, su superficie es horizontal y tiene la misma energía en todos los puntos, es constante:

H = Altura + Profundidad = cte.

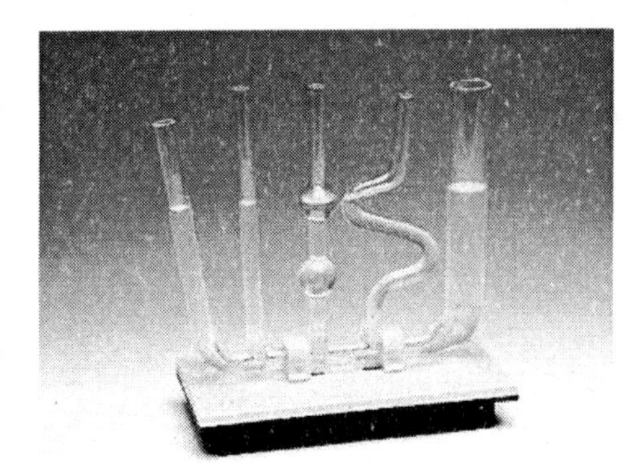

Esto es independiente de la forma del recipiente que la contiene.

Pendiente hidráulica J

Imagina ahora una tubería dispuesta en una pendiente. El punto A debe toda su energía a la altura, 30m. El punto C la debe al peso de la columna de agua por encima de él 30m. En punto B, la columna es de 20 metros y la profundidad 10 metros, su energía es igualmente a la de una columna de agua de 30 metros.

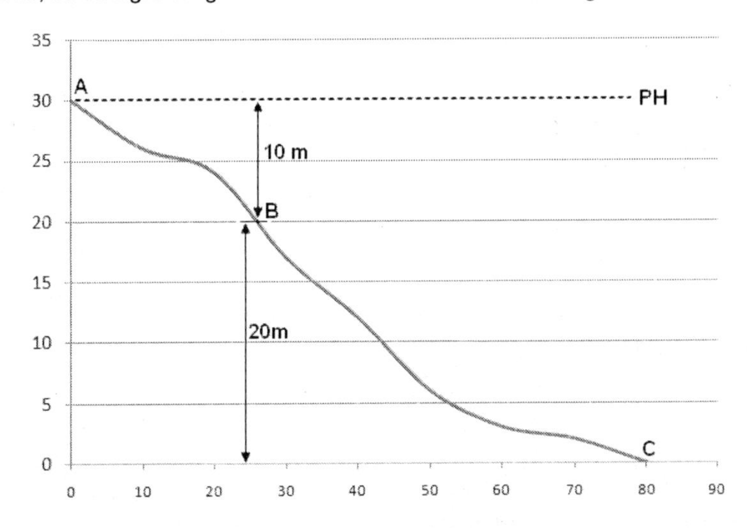

Todos los puntos tienen la misma energía, la equivalente a 30m de columna de agua, y su unión forma una línea llamada **línea de pendiente hidráulica** (PH).

Agua en movimiento

Cuando el agua en el interior de una tubería se empieza a mover, roza con las paredes de la tubería y pierde energía en forma de calor. La cantidad de energía que pierde depende de su velocidad y de la rugosidad de la tubería. Se expresa como X metros de columna de agua perdidos por cada Y kilómetros de tubería recorridos.

Este parámetro se llama **pendiente hidráulica J**. Si por ejemplo, tras recorrer 1000m ha perdido 10m de columna de agua, J=10m/km y la línea de pendiente hidráulica se inclina hacia abajo:

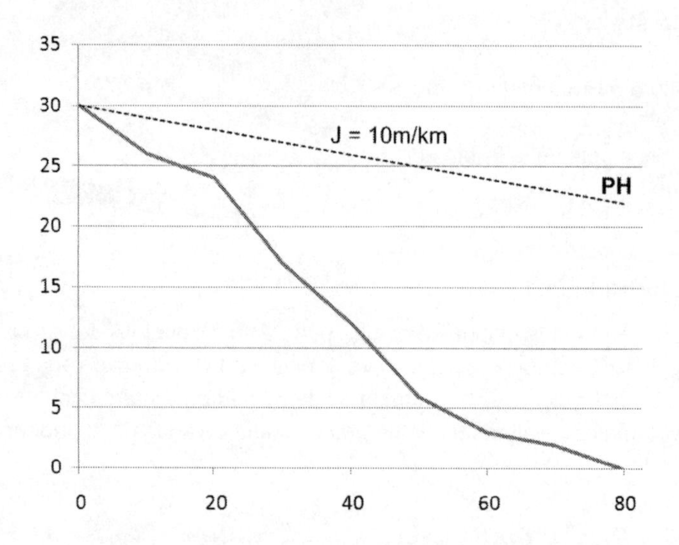

Y aquí viene la regla fundamental de los proyectos de agua por gravedad:

Para mantener el sistema presurizado, la línea de pendiente hidráulica debe estar siempre 10 metros por encima del suelo en cualquier punto[1].

Colocando tuberías de menor diámetro aumentas el rozamiento e inclinas PH. Colocando tuberías de mayor diámetro PH se vuelve cada vez más horizontal.

Unidades.

Antes de seguir, memoriza bien esta relación. La necesitarás para relacionar los resultados de tus cálculos con las tuberías disponibles en el mercado:

10 metros de columna de agua (mca) = 1 kg/cm^2 = 1 bar

[1] Hay excepciones. Una muy evidente es el comienzo de la tubería, donde el terreno todavía no ha descendido 10 metros.

1. 5 LA ANALOGIA DEL PARAPENTE

Puedes imaginar el diseño de una conducción por gravedad como el vuelo de un parapente. Saliendo del lugar elevado donde esta la fuente, debes controlar la caída para llegar al destino con la altura adecuada.

Fig. 1.5. Imanol Bárcena, colaborador de Uman, despegando.

La caída es la pendiente hidráulica y la altura final es la presión de diseño que recibirá el punto de consumo. Si se ha establecido en 1,5 bares, deberás *aterrizar* a 15m sobre el suelo, sobrevolando al menos 10m por encima de todos los obstáculos:

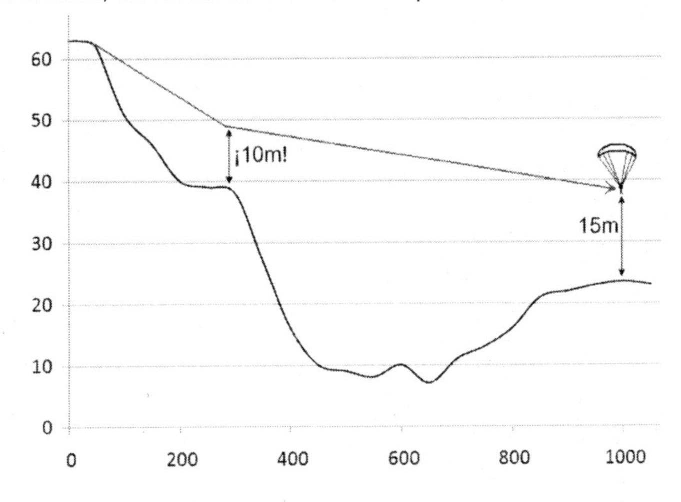

1. 6 UN VUELO DE INICIACIÓN

Ejemplo de cálculo:

Se plantea la distribución, con tubería de PVC, de 4 l/s a 2 bares de presión a través de una distancia de 1350m. El perfil topográfico se muestra a continuación:

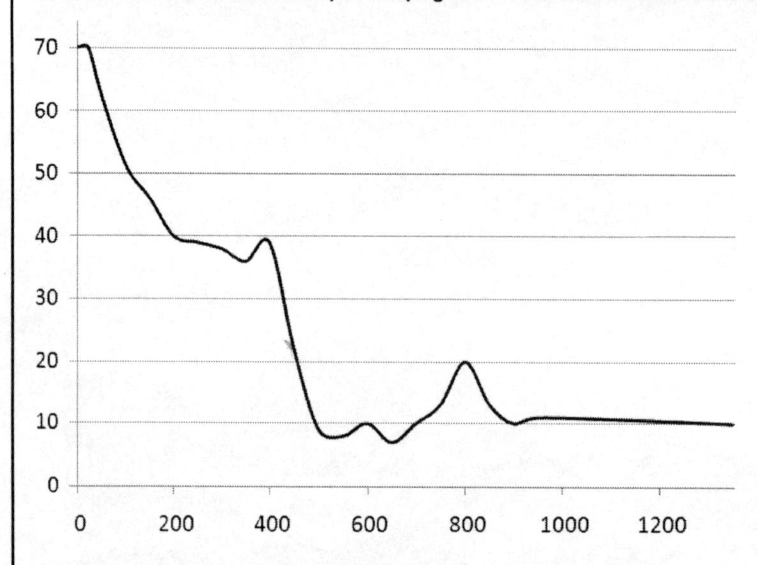

El punto de salida está a 70m y el *aterrizaje* será a 10m de cota más 20 metros de presión, 30m. Hay dos puntos que sobrepasar:

a. El primer punto tiene una altura de 40m y tiene una distancia de 400m. Para sobrevolarlo a 10m de altura, la caída máxima que se puede tener es:

   70m – (40m + 10m) / 0,4km = 50m/km

   En las tablas del Anexo B debes buscar qué tubería produce una pérdida de carga de 50 m/km o menor cuando pasa por ella un caudal de 4 l/s. El inicio del anexo explica cómo interpretarlas. Supón que el agua está limpia (k=0,01) y que usarás tubería de PN10.

   Como no hay una gama infinita de tuberías se elige la más cercana, Ø63mm, que produce una caída de 45m/km.

PVC Ø63 -DI 57mm- PN 10		
P.Carga (m/km)	Q (l/s)	V (m/s)
30,00	3,236	1,27
45,00	4,049	1,59
60,00	4,744	1,86

La altura a la que sobrevolará el punto a es:

70m – (0,4km * 45m/km) = 52m

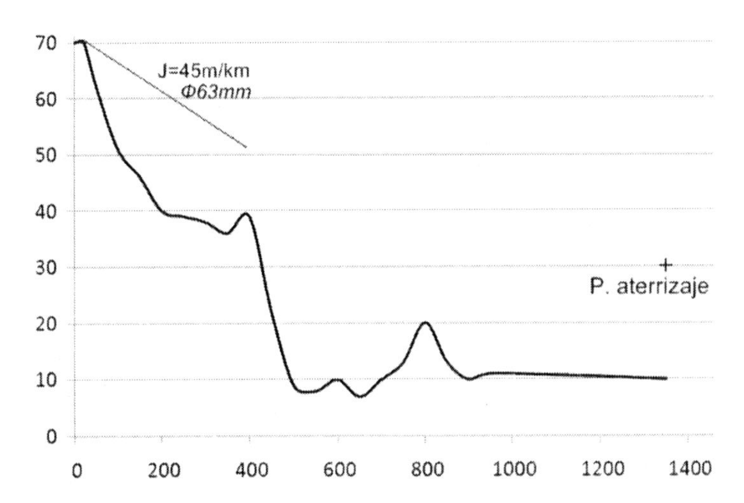

b. El segundo punto, a 800m y 20m de cota no supone un obstáculo real, ya que su cota aumentada en 10m es la misma que la del punto de aterrizaje. Podemos calcular directamente apuntando al punto de aterrizaje. La distancia horizontal es:

1.350m -400m = 950m

La caída máxima será:

52m – (10m + 20m) / 0,95km = 23,16m/km

La elección de tubería no es directa. Seleccionando una de 90mm, la pérdida de carga será sólo 8m/km, y el agua llegará al punto de distribución con sobrepresión. Si elegimos la tubería de 63mm con pérdida de carga de 45m/km, perderemos altura demasiado rápido y el agua llegará sin presión.

(Continúa, dejado intencionalmente en blanco)

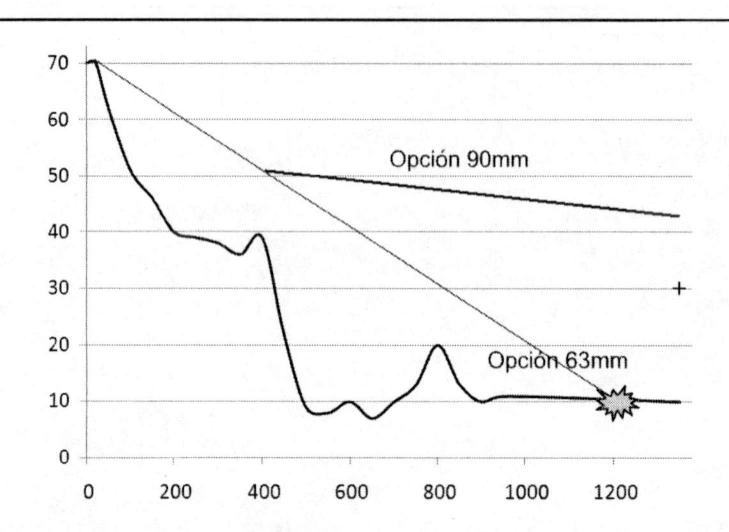

Para que el agua llegue a la presión adecuada, se impone un segundo trayecto combinando ambas tuberías. Lo lógico es continuar con la tubería de 63mm hasta un punto X, y luego seguir con la de 90mm. Para averiguar este punto debes plantear una ecuación:

Pérdida Carga de X km tubería A + Pérdida de carga de la distancia restante de tubería B = Caída máxima posible

X * 45 m/km + ((0,950km –X) * 8m/km) = 52m – (10m+20m)

45X + 7,6 - 8X = 22 → 37X = 14,4 → X = 0,389km

En el segundo tramo se instalan 389m de tubería de 63mm y 950-389= 561m de tubería de 90mm.

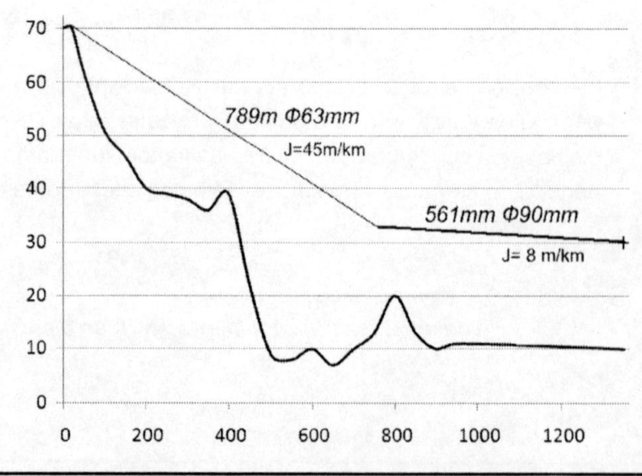

¡Enhorabuena! Ya tienes la herramienta básica para calcular proyectos de abastecimiento de agua por gravedad. A partir de ahora, es cuestión de añadir poco a poco los matices que harán que la uses apropiadamente. Si tu vuelo ha sido un pelín turbulento o no las tienes todas contigo, repasa este capítulo, porque es fundamental para comprender el resto del libro. Encontrarás más ejemplos en el Capítulo 5.

1. 7 LLEVANDO LAS UNIDADES Y DEJANDO LOS ERRORES

Para llegar a un diseño coherente tendrás que hacer muchos cálculos muy sencillos a mano. Aunque sean sencillos, muchos de ellos son tan propensos a tener errores y tan traicioneros de pensar como las dobles negaciones o los días que hay entre 2 fechas.

Si tienes la disciplina de llevar las unidades descubrirás muchos de estos errores antes de que afecten a tu estabilidad emocional. Mira, por ejemplo, estos dos cálculos de la misma conversión de unidades de m^3/h a l/s:

$$14\ m^3/h = 14\ m^3/h * 1m^3/1.000l * 3.600s/1h = 14*3.600/1.000\ m^3*m^3*s/h*l*h$$

$$= 50,4\ l*m^6/\ h^2*s$$

¡¿ $l*m^6/\ h^2*s$?! Si como yo no conoces esta unidad de caudal, algo fue mal.

$$14\ m^3/h = 14\ m^3/h * 1.000l/1m^3 * 1h/3.600s = 14*1.000/3.600\ m^3*l*h/h*m^3*s$$

$$= 3,88\ l/s$$

Observa que los resultados son muy diferentes.

NOTA: Multiplicar por 1h/3.600s es lo mismo que multiplicar por 1/1, ya que una 1 hora y 3.600 segundos es la misma cosa. Si te resulta más fácil, puedes pensarlo como que "hay 1 hora en cada 3.600 segundos". El resultado es un cambio de unidades.

2. Población y demanda

2. 1 ENTUSIASMO Y CONFLICTO

Una población no es otra cosa que muchas personas juntas, cada una con sus criterios, susceptibilidades, motivaciones y preocupaciones. Aunque los sistemas de abastecimiento por gravedad son relativamente sencillos de organizar necesitan cierta cohesión social y capacidad de organización. Evaluar la capacidad de trabajo y el entusiasmo es fundamental, ya que son factores clave que van a determinar el éxito o fracaso de una intervencion.

Hacerlo, sin embargo, no es sencillo. Observar las estructuras sociales que existen (organización de tal cosa, comité de la mujer...) y observar los esfuerzos colectivos del pasado te darán una idea.

Por otro lado, un proyecto puede generar muchas susceptibilidades y es frecuente que haya conflictos por el agua. Olvidar las necesidades de un colectivo puede llevar al resentimiento e incluso el sabotaje de las estructuras instaladas. Imagina, por ejemplo, un proyecto de agua que utiliza la mayor parte del agua disponible dejando secos a algunos agricultores aguas abajo.

2. 2 PERIODO DE DISEÑO

Las estructuras no son eternas, y una decisión importante es cual es el perido de diseño. En otras palabras, cuanto tiempo estará el sistema en servicio. Esta decisión tiene su importancia, principalmente porque va a determinar cuántas personas deben ser servidas.

Si las redes se proyectan teniendo en cuenta la población del momento, se quedarán obsoletas antes de que se hayan construido. Por eso, habrá que diseñarlas teniendo en cuenta cuál será la población al final del periodo de diseño. Otra implicación importante, que se verá más adelante, es en los cálculos económicos. No es lo mismo una inversion de 50.000€ a repartir durante 5 años que durante 50.

Normalmente, se toman 30 años a pesar de que la vida mínima del PVC, por ejemplo, es 50 años. Proyectar más allá de 30 años dispara la incertidumbre y la inversión inicial. ¿Dudas de mi palabra?

> ***"Creo que existe mercado para unos cinco ordenadores en todo el mundo."***
> (Thomas Watson, Presidente de IBM, 1943)

De esta otra declaración hace exactamente 30 años:

> ***"No hay ninguna razón por la que una persona normal quiera tener una computadora en su casa."***
> (Ken Olsen, pionero en el desarrollo de los ordenadores, 1977)

2. 3 POBLACIÓN FUTURA

La manera de evaluar cuál puede ser la población al final del periodo de diseño consiste en proyectar la población en base a algún parametro, como la densidad de población o la tasa de crecimiento.

Proyección en base a la tasa de crecimiento

Existen varias fórmulas. La que tiene el rango de aplicación más amplio y se ajusta probablemente mejor es la geómetrica. Aquí tienes su resultado comparado:

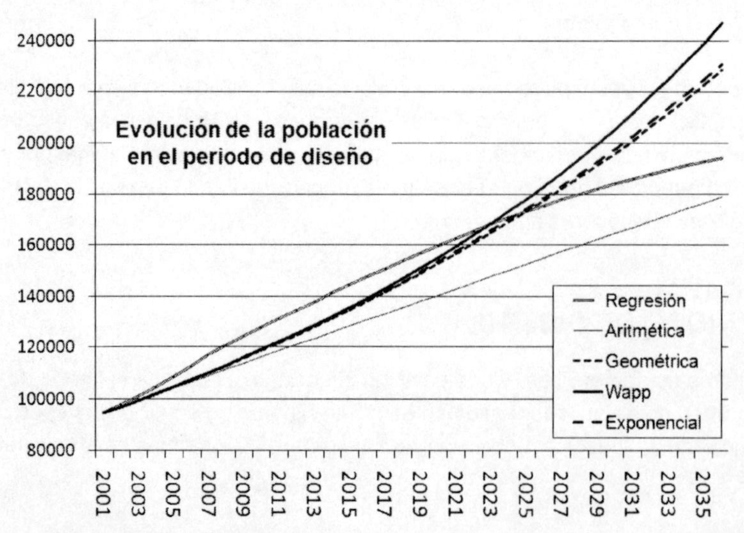

Si existen censos de población, los datos de población y tasa de crecimiento se obtienen fácilmente. En caso contrario hará falta muestrear. Desafortunadamente, las poblaciones suelen tener una idea muy distorsionada de su número y en Cooperación son datos frecuentemente exagerados para ganar importancia. Evita la tentación de usar tasas de crecimiento de todo el país, ya que las distintas poblaciones de un país crecen a velocidades muy dispares.

Tres fórmulas de proyección frecuentemente utilizadas son:

Aritmética: $$P_f = P_o \left(1+\frac{i * t}{100}\right)$$

Geométrica: $$P_f = P_o \left(1 + \frac{i}{100}\right)^t$$

Exponencial: $$P_f = P_o * e^{\left(\frac{i * t}{100}\right)}$$

P_f, población futura
P_0, población actual
i , tasa de crecimiento en %
t , tiempo en años
e , número e, (e=2,71828...)

Ejemplo de cálculo:

La población actual de Mwata es 3.780 personas. Hace 5 años, la población censada era 2.703. ¿Cual es la población a tener en cuenta en un diseño a 25 años vista?:

De los dos censos se puede estimar la tasa de crecimiento:

3.780 personas – 2.703 personas / 5 años*2.703 personas = 0,0796

La tasa de crecimiento es aproximadamente el 8%.

Aplicando la fórmula de proyección geométrica:

$$Pf = P_o (1+ i/100)^t = 3.780 (1+ 8/100)^{25} = 25.887 \text{ habitantes}$$

Aplicando la fórmula de proyección aritmética:

$$Pf = P_o (1+ i*t/100) = 3.780 (1+ 8*25/100) = 11.340 \text{ habitantes}$$

Aplicando la fórmula de proyección exponencial:

$$Pf = P_o * e^{(i*t/100)} = 3.780\, e^{(8*25/100)} = 29.731 \text{ habitantes}$$

Proyección en base a densidad

La proyección con fórmulas puede sobreestimar la población futura aparatosamente, sobre todo en el caso de zonas de reciente población o con fuerte inmigración.

Otro enfoque posible es suponer que las características culturales y la economía de la población imponen un límite en la densidad de población. La población tenderá a una densidad tope, a partir de la cual se sentirá masificada. A medida que la población se va acercando a la densidad tope disminuye la tasa de crecimiento hasta ser 0. Lo mejor es verlo con un ejemplo.

Ejemplo de cálculo:

La manzana UV39 es una zona pobre de Santa Cruz poblada recientemente, en lo que antes eran campos de cultivo entre el aeropuerto y la zona industrial. El tamaño medio de la familia es de 6 personas ¿Qué población de diseño utilizarías si el sistema se planifica a 30 años teniendo en cuenta los siguientes datos del último censo?

A99	A104	A109	A114
A100	A105	A110	A115
A101	A106	A111	A116
A102	A107	A112	A117
A103	A108	A113	A118

Plano de la Manzana 39

Parcelas	Familias	Tasa crec.
A99	36	1,920
A100	35	2,850
A101	33	2,800
A102	36	0,960
A103	34	1,910
A104	36	1,500
A105	35	1,350
A106	32	2,580
A107	36	1,700
A108	36	0,460
A109	10	10,100
A110	9	17,490
A111	29	3,690
A112	35	1,350
A113	36	1,200
A114	12	11,320
A115	3	11,830
A116	4	15,440
A117	9	10,600
A118	8	15,200

Fuente: Censo 2005

Observa como, en general, la tasa de crecimiento es menor cuantas más familias haya por parcela. Esta tendencia te permite trabajar con la teoría de que hay un valor límite de densidad que la población considera aceptable. Debes deducir cuál puede ser el valor tope. Es buena idea discutir con la población de la zona si piensan que están aglomerados o no para evitar falsos topes demasiado bajos. Podríamos tomar el valor 36 familias por parcela o ligeramente superior como tope:

20 parcelas * 36 familias/parcela * 6 personas / familia = 4.320 personas.

Si hubieras utilizado la fórmula geométrica en este caso, usando por ejemplo la media de las tasas de crecimiento, 5,8%, el resultado hubiera sido 16.412 personas, casi cuatro veces mayor.

Presta siempre especial atención a las dinámicas de población. En este caso, las parcelas menos pobladas se concentran en un área:

A99	A104	A109	A114
A100	A105	A110	A115
A101	A106	A111	A116
A102	A107	A112	A117
A103	A108	A113	A118

Investigando la causa, puede ser simplemente una cuestión de acceso a servicios, pero también puede ser que la zona marcada se inunde periódicamente o incluso esté minada. Construir servicios alienta el asentamiento y se debe prestar especial atención a que no sean zonas peligrosas.

Un paso más allá en la complicación y en la precisión es realizar una regresión lineal para deducir la densidad tope. El Ejercicio 22 de la referencia 2 de la bibliografia te muestra cómo.

2. 4 DEMANDA BASE DIARIA

Es la cantidad de agua que consumirá la población e incluye todos los usos: cocina, lavado, bebida, actividad laboral... No hay una receta rápida para determinar la demanda de cualquier población. A modo de orientación estas son unas **cifras mínimas** con las que trabajar:

Consumos diarios mínimos (l/un.)	
Habitante Urbano	50
Habitante Rural	30
Escolar	5
Paciente Ambulatorio	5
Paciente Hospitalizado	60
Ablución	2
Camello (una vez por semana)	250
Cabra y oveja	5
Vaca	20
Caballos, mulas y burros	20

¿Que quieres saber cuánto consume un gabinete de abogados? No muy probable, pero puedes mirar las demandas de los agentes más insospechados en la tabla 4.1 de la referencia 19, teniendo en cuenta que son consumos de Estadounidense. El libro completo esta disponible en:
http://www.haestad.com/library/books/awdm/online/wwhelp/wwhimpl/js/html/wwhelp.htm

Un consumo a investigar para evitar sorpresas desagradables es el de los pequeños huertos. Las especies típicas consumen alrededor de 5 mm/m^2. Recordando que 1 mm/m^2 es lo mismo que 1 l/m^2, un pequeño huerto de tan sólo 20 m^2 ya consume 100 litros diarios. Si la costumbre de tener huertos está extendida puede representar una parte considerable del consumo total.

En la práctica, se tenderá a proporcionar la mayor cantidad de agua que:

- no produzca problemas ambientales (encharcamiento, sobreexplotación...)
- las personas estén dispuestas a pagar
- tenga un coste adaptado a la economía local.

Resumiendo, si tengo 2 cabras, 3 personas rurales y un burro, la demanda total diaria es:

2 cabras x 5 l/cabra*día = 10 l/día
3 personas x 30 l/ persona*día = 90 l/día
1 burro x 20 l/burro*día = 20 l/día
----
120 litros/día

Esta cifra expresada en litros por segundo es la **demanda base**, protagonista del resto del capítulo:

120 litros/día * 1día/24h * 1h/3600s = 0,00139 l/s

2. 5 VARIACIONES TEMPORALES DEL CONSUMO

Tan importante como la cantidad de agua consumida diariamente es en qué momentos se consume. Si a las 9:00 AM se consume el doble de agua que la media diaria, la capacidad de transporte del sistema tendrá que ser el doble para cubrir esta punta de consumo.

Variaciones diarias

La mayoría de poblaciones siguen una dinámica parecida. El consumo de agua por la noche es mínimo. En las primeras horas de la mañana se produce un pico de consumo. Las personas se están duchando, recogiendo agua para cocinar o lavar y llegan a consumir un 45-65% de su consumo diario en unas pocas horas. A media tarde hay otro pico más pequeño 20-30%.

Esta fue el patrón de consumo diario observado en una población pobre urbana de Santa Cruz de la Sierra en Bolivia:

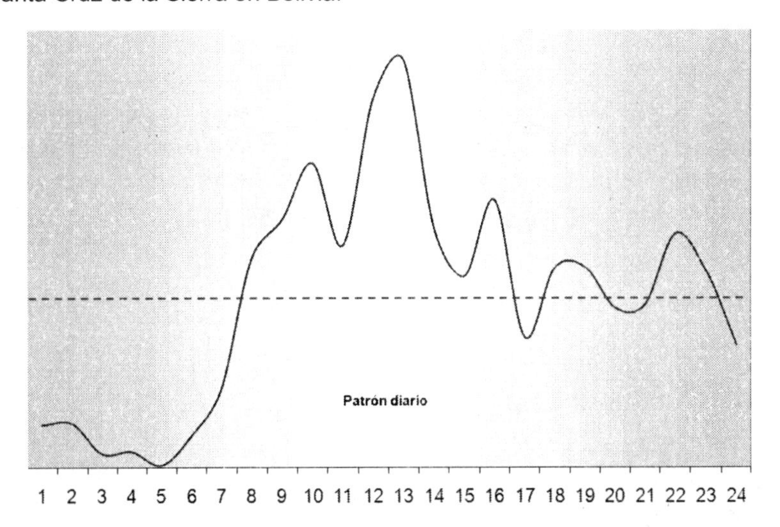

Medir la variación de consumo de una población es laborioso y complicado, y no siempre es factible. Se debe medir simultaneamente un gran número de consumidores, ya que la dinámica total es la suma de todas las dinámicas individuales. Observa como las dinámicas de los 30 consumidores bolivianos utilizadas para construir el patrón anterior fue muy dispar:

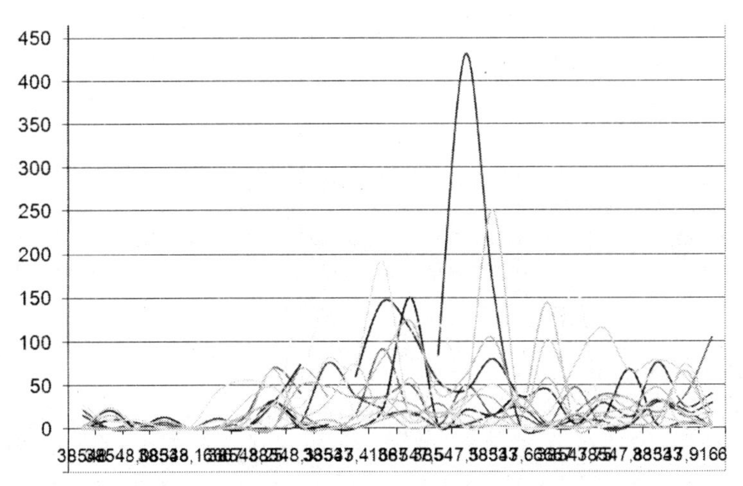

Frecuentemente… ¡ni siquiera hay un sistema existente donde poder medir!

Afortunadamente, la mayoría de poblaciones, consuman como consuman, acaban teniendo un pico aproximadamente 2,5 veces mayor que el consumo medio. Para tener en cuenta las variaciones diarias y que el sistema pueda hacer frente al pico diario, debes aumentar el consumo medio en 2,5 veces.

0,00139 l/s * 2,5 = 0,0035 l/s

Variaciones semanales

En la mayoría de poblaciones no hay grandes variaciones pero debes estar atent@. Cambios culturales, fiestas, mercados, ferias, etc. pueden dejar su huella sobre el consumo de los distintos días de la semana. En la misma población de Bolivia, en general el consumo tiende a disminuir según avanza la semana:

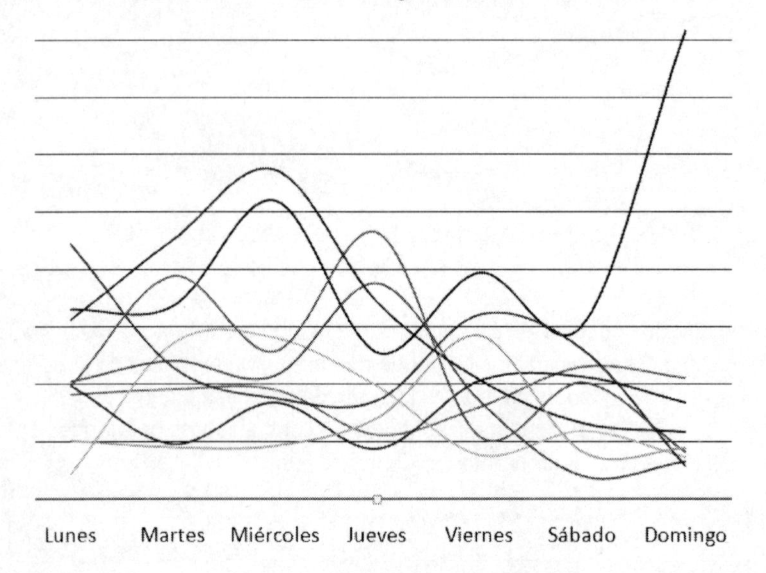

Si el patrón diario era complicado de medir, el semanal, que requiere esfuerzo y logística durante una semana, es francamente difícil. Salvo que tengas indicaciones claras de cambios semanales puedes asumir que el consumo no varía durante la semana. Si las hay, calcula aproximadamente cuáles son esas diferencias. La forma más sencilla sería quizás medir durante una semana el volumen de agua que sale de un depósito.

Variaciones mensuales

En vivo contraste, estas diferencias suelen estar requetemedidas, ya que son la base para la facturación del servicio. Cualquier red cercana que emita facturas será capaz de darte información muy precisa. Además las variaciones son importantes, sobre todo con las estaciones. Observa cómo cae el consumo con la bajada de temperaturas en los meses del invierno austral de los años 2002, 2003 y 2004:

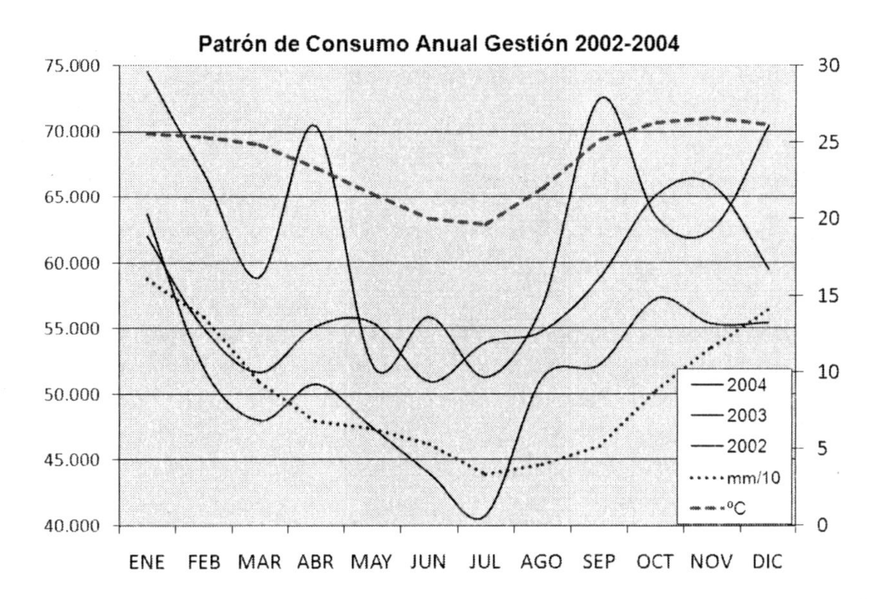

Para determinar cómo aumentar la demanda base hay dos caminos:

a. Si se tomaron medidas un día determinado para el patrón de consumo diario, compara el mes de máximo consumo con el mes en el que se realizó la medida. Por ejemplo, si se midió en Julio y las facturas muestran un consumo total de 600 m^3, y el consumo máximo anual fue 840 m^3 en Octubre:

$$840m^3/600m^3 = 1{,}4$$

La demanda base actualizada sería: 0,0035 l/s * 1,4 = 0,0049 l/s

b. Si no sabes qué mes se tomaron las medidas y estás usando un multiplicador genérico como 2,5, calcula la media de todos los meses y compárala con el mes de máximo consumo como acabas de ver.

2. 6 CONSUMO NO MEDIDO

Esta categoría es una cajón desastre donde van a parar las fugas, las conexiones ilegales, riego de jardines, el agua que se derrama al llenar los recipientes, etc. En una red nueva se situa en torno al 20%:

0,0049 l/s * 1,2 = 0,00588 l/s

En el caso de reparar una red antigua, puedes hacerte una idea observando el consumo nocturno. Por la noche las personas apenas consumen y la presión aumenta. Si entre las 2 y las 5 AM el consumo de cada hora es mayor a un 3% del total diario, puedes sospechar que la presencia de fugas es importante.

2. 7 DEMANDA DE INCENDIOS

Se trata de que el agua este disponible en caso de incendio. Esto se consigue asegurando en todo momento:

- Una **reserva de incendios**, un volumen almacenado exclusivamente a tal fin. Las normas varían de unos países a otros, pero normalmente es el equivalente al caudal de incendios durante dos horas.

- Un **caudal de incendios** que se determina según el tipo de población y lo numerosa que es.

En la práctica, los requerimientos son tan grandes que es el caudal de incendios el que acaba determinando el tamaño de una red porque es varias veces mayor que la demanda pico de la población. En Cooperación he visto dos enfoques, o se ignora completamente la protección contra incendios o se aplica la norma occidental a ciegas.

Ignorar la necesidad de protección contra incendios es una canallada que no merece más comentarios. Aplicando la norma occidental o la del país frecuentemente se cae en la desproporción: ¿Tiene sentido asegurar un caudal de incendios de 32 litros por segundo en una comunidad que sólo dispone de cubos para luchar contra un incendio?

Yo pienso que hay un punto medio. Determinarlo no es sencillo. Una buena idea en cualquier caso es hablar con el cuerpo de bomberos local y ver cuáles son sus ideas, entendiendo por bomberos las personas que vayan a participar en la extinción de un incendio (no hace falta que lleven casco blanco y estén vestidas de uniforme).

Muchas veces más que un caudal, lo importante es que haya una cantidad de agua acumulada para que un fuego minúsculo no se convierta en catastrófico porque los depósitos estaban secos como huesos.

2. 8 RECAPITULANDO: UN ENFOQUE PESIMISTA

Una vez calculada la población futura, hemos visto que se han ido multiplicando diferentes coeficientes a la demanda media de esa población futura para tener en cuenta las variaciones temporales y demandas varias:

Demanda base:			0,00139 l/s
Variaciones diarias:	0,00139 l/s * 2,5	=	0,0035 l/s
Variaciones semanales:	0,0035 l/s * 1	=	0,0035 l/s
Variaciones mensuales:	0,0035 l/s * 1,4	=	0,0049 l/s
Consumo no medido:	0,0049 l/s * 1,2	=	0,00588 l/s
Demanda de incendios:	¿???	=	¿???

Tras aplicar todos los coeficientes la demanda ha crecido más de 4 veces, desde 0,00139 l/s a 0,00588 l/s.

La filosofía detrás de esta manera de proceder es ponerse en el momento más desfavorable para la red, suponiendo que si funciona adecuadamente en este momento, lo hará también en momentos más favorables. En otras palabras, si una tubería es capaz de transportar 10 l/s también será capaz de transportar 2 l/s.

Si la red puede con la peor hora, del peor día de la semana, del peor mes de la población tras 30 años de crecimiento, funcionará en todos los otros momentos.

Sin datos

Imagina que estas en un pueblo aislado en Timor Oriental donde la población anda 6km en busca de agua todos los días hasta un manantial. Estooo... ¡¿de dónde saco los datos?!

En el caso de no haber podido obtener datos de variaciones diarias, semanales, mensuales y consumo no medido, una aproximación es multiplicar directamente la demanda base por un número entre 3,5 y 4,5:

0,00139 l/s * 4 = 0,0056 l/s

Observa que es muy similar al resultado obtenido para la población de Bolivia.

3. Las fuentes

3. 1 TIPOS DE FUENTES

Las fuentes más frecuentes para distribución gravitatoria son los pequeños arroyos y los manantiales. Una *fuente* también puede ser un depósito de agua en los proyectos mixtos.

Manantiales

Un manantial es un lugar donde el agua subterránea aflora en superficie, normalmente en la ladera de una montaña o colina. El agua se infiltra lentamente en el subsuelo y va cayendo hasta que toca una capa impermeable. Si la capa impermeable llega a la superficie en algún punto, el agua aflorará.

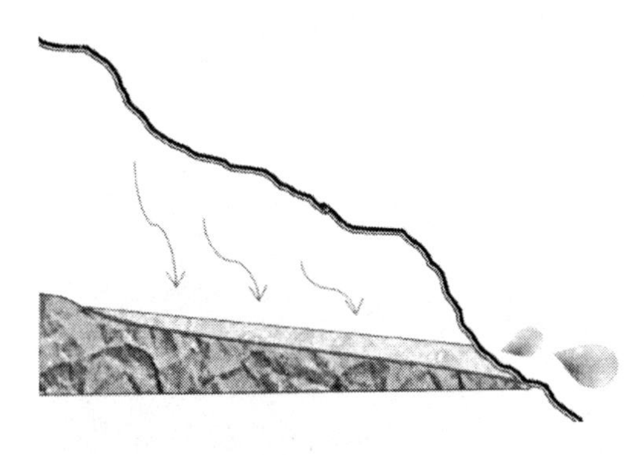

La gran ventaja de los manantiales es que el agua ha sido purificada y filtrada a su paso por la tierra y no necesita ser tratada. Así se evitan enfermedades por errores en la cloración, gastos en cloro y una logística muchas veces demasiado complicada. Una excepción notable son los manantiales en roca fracturada en los que el agua no ha sido necesariamente filtrada.

Arroyos

Los arroyos son aguas superficiales. Todas las aguas superficiales deben considerarse contaminadas y necesitarán tratamiento.

No menosprecies el potencial de arroyos minúsculos. Este de la fotografía, mantuvo con agua a 45.000 personas en el campo de refugiados Mtabila (Tanzania) a través de una sequía que agotó todas las otras fuentes. Por diminuto que sea un arroyo, la cantidad de agua que transporta es relativamente grande. Una consideración más importante, como veremos pronto, es la estacionalidad.

Para evitar tener que tratar el agua, la estructura de la toma puede hacerse filtrante. En riachuelos y arroyos grandes una opción es cavar un pozo tradicional a algunos metros de la orilla en una zona protegida de inundaciones. En otros casos, desviar parte del agua y pasarla por un lecho filtrante de arena antes de entrar en la toma.

3.2 ESTACIONALIDAD

La fuente elegida para el proyecto debe mantener un caudal adecuado **durante todo el año**. Esto, que ahora te parecerá evidente, es una de las causas de fracaso más frecuente en los proyectos de Cooperación.

Fig. 3.2. Toma principal seca, campo de refugiados Mtabila II, Tanzania.

Desafortunadamente, el tamaño de la fuente es mal indicador de su estacionalidad. Arroyos que parecen enormes se secan completamente varias semanas más tarde. Arroyos pequeños que hubieras descartado en la presencia de otros más grandes mantienen frecuentemente el caudal.

Quizás la manera más fácil, y una de las más seguras, es preguntar a la población, sobre todo a aquellas personas que utilizan el agua como medio de subsistencia (agricultores, pobladores cercanos…).

3. 3 MEDIDA DEL CAUDAL

La forma más sencilla de medir el caudal es mediante un recipiente y un reloj. Sin embargo, en la mayoría de ocasiones el flujo es demasiado grande para que sea práctico.

Hendidura en V

Esta es una de las formas más prácticas de medir caudales por encima de los 2 ó 3 litros por segundo. Se trata de hacer pasar el agua por una hendidura en forma V:

Fig. 3.5. Medida del caudal en un arroyo. Proyecto Dongwe, Tanzania.

La altura que alcanza el agua respecto a la regla es proporcional al caudal. Para determinar el caudal usa esta fórmula:

$$Q = 533 * C_e \sqrt{2g} * h^{2,5} * \tan(\beta / 2)$$

Q, caudal en l/s.

C_e, coeficiente que depende de la construcción. Normalmente, 0,64.

g, gravedad, 9,81 m/s^2.

h, altura del agua en metros.

β, Angulo de la hendidura en radianes[2].

Para condiciones normales, g=9,81 y C_e=0,64, la ecuación se simplifica en:

$$Q = 1510 * h^{2,5} * \tan(\beta / 2)$$

Para 60º y 19 cm, sería:

60º * 0,01744 = 1,046 radianes

Q= 1510 * 0,19^{2,5} * tan(1,046/2) =13,7 l/s

[2] Para averiguarlo, multiplica los grados por 0,01744. Ej. 60º * 0,01744 = 1,046 radianes.

Si no quieres andar con tangentes de ángulos en radianes, construye una hendidura de 60º y utiliza esta gráfica:

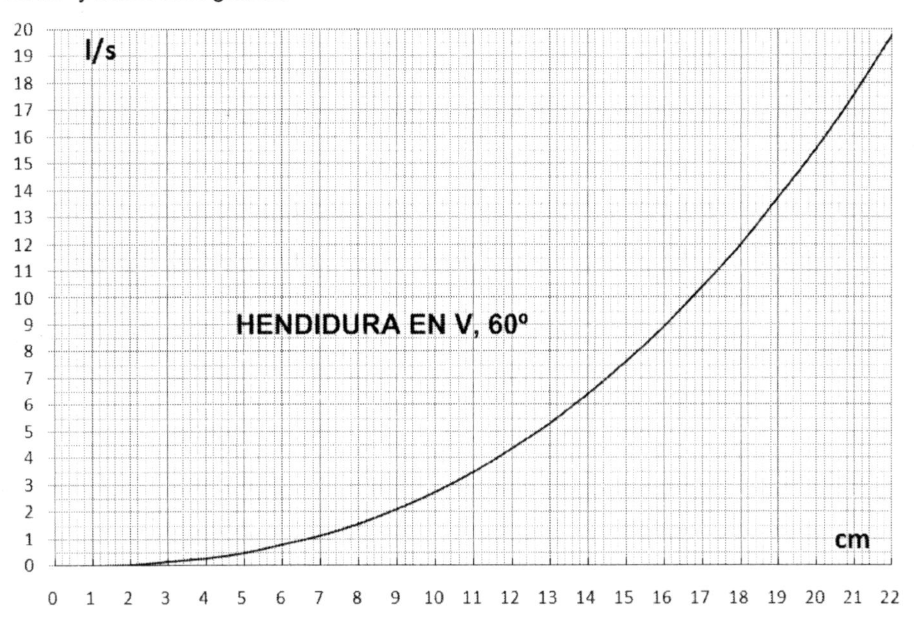

Otras

Es díficil que las vayas a necesitar. El máximo de la hendidura de la gráfica es suficiente para abastecer 35.000 personas con 50 l/persona. Si aun así quieres medir el caudal de un arroyo mayor, por curiosidad, puedes emplear el método del flotador. Tira un objeto que flote en un tramo recto del arroyo cuya sección puedas averiguar, mide la velocidad y aplica:

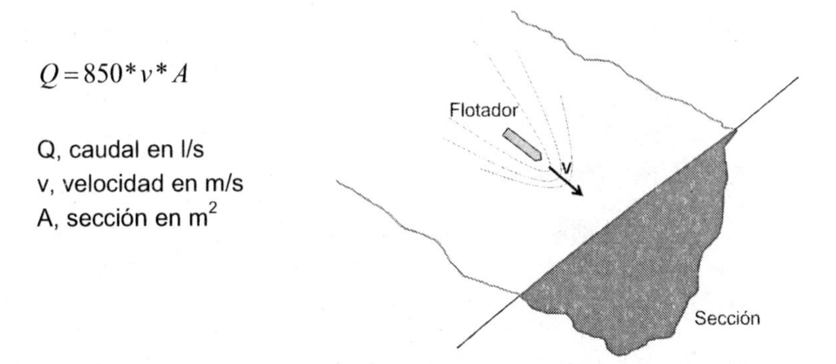

$$Q = 850 * v * A$$

Q, caudal en l/s
v, velocidad en m/s
A, sección en m^2

Otro método de improbable aplicación es el de la dilución de sal.

Límite de explotación

La mayoría de países tienen legislación o ideas muy claras sobre hasta que punto se puede explotar una fuente. En el caso de los campos de refugiados de Tanzania, por ejemplo, *solamente* se podía extraer un 80% del caudal. A efectos prácticos, tomar un 80% del caudal de un arroyo es dejarlo casi seco y las consecuencias aguas abajo son potencialmente desastrosas: pérdida de vegetación, erosión, agotamiento de fuentes de cercanas. En este caso, las consecuencias humanas eran más temibles y se instaló esa capacidad.

Antes de proyectar la explotación de una fuente, aun en porcentajes mucho menores, debes investigar que ocurre aguas abajo:

> ¿Alguien utiliza el agua?
> ¿Está la corriente recargando algún acuífero?
> ¿Hay vegetación o bosques de rivera? ¿Cuál es su interés?

Frecuentemente se piensa que el agua que pasa es agua pérdida. Sin embargo, esa agua tiene un papel clave en el entorno y se debe explotar a cambio de beneficios tangibles y claros.

3. 4 ANALISIS DEL AGUA

Para garantizar la seguridad de la fuente y la viabilidad del proyecto debes organizar un análisis del agua. El Anexo A contiene un resumen de los parámetros y sus valores máximos recomendados por la Organización mundial de la salud.

Recogida de muestras

Es importante que recojas una cantidad suficiente para que el laboratorio pueda hacer los test. Un litro y medio es una cantidad adecuada. Una botella de agua mineral es un recipiente ideal. Evita utilizar recipientes antiguos o de metal. En cualquier caso, consulta con el laboratorio cuáles son los requisitos de cantidad y condiciones de transporte.

> **Grifo:** Elimina todos los accesorios que pueda haber añadidos al grifo y limpia la boca con un trapo. Deja correr el agua algunos minutos y toma la muestra sin que el recipiente toque el grifo.
>
> **Lago:** Toma la muestra a 30cm de la superficie, para evitar los contaminantes que flotan y los que sedimentan. ¡Evita entrar en contacto con el agua!
>
> **Río:** Si es posible, toma la muestra a contracorriente a 30 cm de la superficie evitando zonas estancadas o las orillas.

Análisis biólogicos

En mi opinión no aportan gran cosa a la hora de seleccionar una fuente. Son propensos a error y el contenido en bacterias fecales de una fuente varía mucho en el tiempo. Corres el riesgo de dar por buena una fuente que, sin embargo, aumenta su carga y se vuelve peligrosa cada vez que llueve.

Si el agua es superficial (ríos, lagos, arroyos...) estará sin duda contaminada en algún momento. Las aguas en movimiento son menos peligrosas que las estancadas. En estos casos, debes construir una toma filtrante o establecer un sistema de cloración.

Si el agua tiene una concentración de cloro residual de 0,2 ppm, una turbidez menor a 5 NTU y el tiempo de contacto del cloro con el agua ha sido mayor que 30 minutos, el agua es potable desde un punto de vista biológico.

Análisis químicos

La cantidad de sustancias que pueden contaminar el agua es enorme, y en realidad, no es factible hacer una análisis de todas ellas. Párate a pensar sólo cuantos tipos de pesticidas distintos puede haber. De la misma manera, algunos metales y compuestos orgánicos y radiactivos necesitan análisis muy especializados y caros, que frecuentemente no están disponibles. Siendo prácticos, intenta hacer el análisis más completo a tu alcance y, siempre que sea posible, utiliza algún organismo público con competencia en agua o salud.

Valores excesivos

Los valores que exceden los límites se pueden corregir con tratamientos o por dilución mezclando aguas de varias fuentes. Si hay varias fuentes, elige aquella que no necesita tratamiento aun si está más lejos y requiere mayor inversión. La necesidad de tratamiento complica y encarece el sistema.

3. 5 ¿INCRUSTANTE O CORROSIVA?

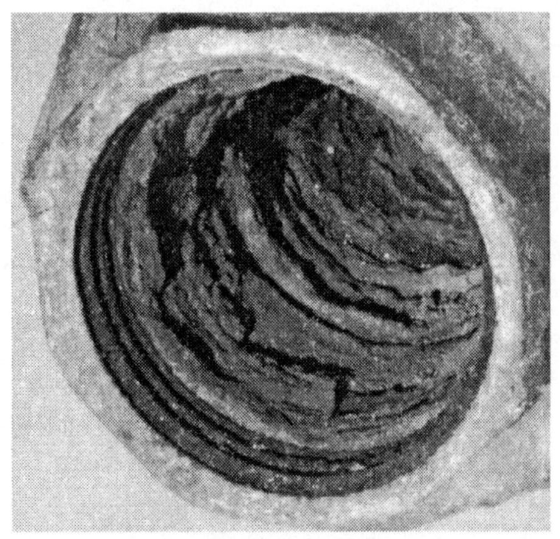

La formación de depósitos por aguas incrustantes y la tuberculación (en la imagen) por aguas corrosivas pueden reducir mucho el diámetro efectivo y la rugosidad de las tuberías. Es muy importante predecir a cuál de los problemas nos enfrentaremos.

Para determinar si el agua tiene carácter incrustante o corrosivo se utiliza el **Indice de Langelier**:

$$IL = pHa - pHs = pHa - ((9.3 + A + B) - (C + D))$$

Donde:

pHa, pH del agua

A = (Log_{10} [Sólidos Totales Disueltos] - 1) / 10

B = -13,12 x Log_{10} (Temperatura del agua en °C + 273) + 34,55

C = Log_{10} [Ca^{2+} en mg/l de $CaCO_3$] – 0,4

D = Log_{10} [Alcalinidad en mg/l $CaCO_3$]

Si IL = 0, el agua está en equilibrio químico.
Si IL < 0, agua tiene tendencia corrosiva.
Si IL > 0, agua tiene tendencia incrustante.

A efectos prácticos:

Si los valores están entre -0,3 y 0,3 el agua no dará problemas.
Entre -0,5 y -0,3 tendrá una ligera tendencias sin grandes problemas.
Si IL<-0,5, la corrosión será un problema.
Si IL >0,5, se formarán depósitos abundantes

Los problemas de corrosión se evitan instalando tuberías de plástico. Los problemas de incrustación se pueden evitar disminuyendo el pH del agua o seleccionando otra fuente si es posible.

Ejemplo de cálculo:

El análisis de la fuente A muestra los siguientes resultados: pH = 6,7; TDS= 46 mg/l; Alcalinidad = 192 mg/l; Dureza $CaCO_3$ =102 mg/l. Si el agua está a 12ºC ¿qué precauciones habrá que tomar?

Se determina si el agua tiene carácter incrustante o corrosivo usando el Indice de Langelier:

A = (Log_{10} [SDT] – 1)/ 10 = (Log_{10} [46] – 1)/ 10= 0,066
B = -13,12Log_{10} (T° + 273) + 34.55 = -13.12Log_{10} (285) +34,55= 2,34
C = Log_{10} [Ca^{2+} en mg/l de $CaCO_3$] – 0,4= 1,6
D = Log_{10} [Alcalinidad en mg/l $CaCO_3$]= 2,28

IL = pHa-((9,3+A+B)-(C+D) =6,7-((9,3+0,066+2,34)-(1,6+2,28)= -1,1

El agua es muy corrosiva. Se instalará tuberías resistentes a la corrosión, PVC o Polietileno de alta densidad(PEAD).

3. 6 PROTECCION DE LAS FUENTES

Para garantizar la seguridad del agua de bebida se protegen las fuentes. Por un lado se intenta impedir el acceso de animales y el contacto directo con las personas. Por otro, se trata de evitar actividades en las cercanías que puedan contaminar el agua. En la mayor parte de los suelos, se recomienda que la distancia sea de al menos 30m entre la fuente potencial de contaminación y la de agua. Los suelos arenosos y las rocas necesitan mayor distancia.

En la foto, la protección para evitar la entrada de ganado, la valla de arbustos en el fondo, está en mal estado. Los animales pueden entrar, y aunque no logran acceder al manantial, sus heces estarán demasiado cerca. Para evitar el acceso de las personas, se ha instalado una jaula metálica.

Fig. 3.6. Protección de un manantial artesiano, Xhindaree, Somalia.

4. Trazado y topografía

4. 1 CONSIDERACIONES GENERALES

En el trazado se decide el recorrido de las tuberías. Para ello necesitarás la ayuda de un plano general.

Derechos de paso

Antes de dar por bueno un recorrido, asegúrate que se obtendrá permiso para instalar las tuberías. A menudo se acaba siguiendo las lindes de terrenos privados a pesar de ser recorridos más largos. Otra consideración importante es garantizar el acceso futuro en caso de reparación o ampliación. Algunos lugares, como cementerios, pueden ser extremadamente sensibles y no son siempre evidentes.

Fig 4.1. Tumba musulmana.

Minas y restos militares

Investiga minuciosamente las áreas que atraviesa el trazado para evitar accidentes entre los trabajadores. Cualquier lugar con restos militares, como en la foto, es mal candidato por el riesgo de artefactos explosivos y munición sin explotar.

Carreteras y caminos

Para evitar conflictos de paso, la fácil localización de las tuberías enterradas, evitar que la construcción de casas impida el acceso en caso de avería y para facilitar el transporte de materiales, se tiende a seguir las carreteras y caminos en el trazado.

Esto tiene algunos inconvenientes. La instalación puede dañar cables eléctricos (en la imagen), conductos, líneas de teléfono etc. Por otro lado, es frecuente que canales con aguas sucias y salidas de letrinas sigan las carreteras. Consulta el Capítulo 9 para ver cómo enfocar la instalación de tuberías en situaciones especiales.

4. 2 CONSIDERACIONES TECNICAS

Puntos bajos y puntos altos

Los puntos bajos acumulan sedimentos que acaban estrangulando la tubería. Se puede solucionar colocando desagües para vaciar las tuberías o simplemente evitándolos.

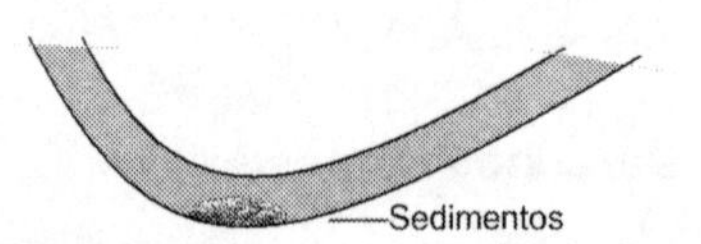

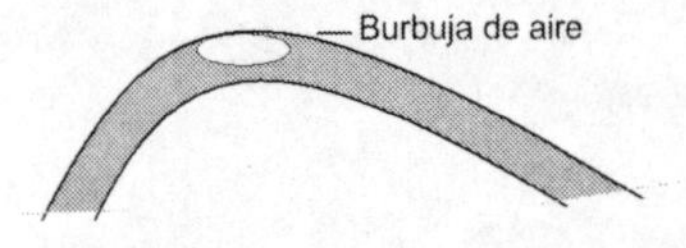

En los puntos altos, se acumula aire. Esto tiene peor solución, ya que las válvulas de aire son caras, de logística complicada y pueden ser una fuente importante de golpe de ariete.

La mejor forma de poner coto a estos problemas es mediante un trazado que evite estos puntos de inflexión. Observa el trazado propuesto en la figura: Desde los 35 metros del depósito, baja bruscamente hasta tocar la curva de nivel de los 25 metros. La idea es presurizar el sistema rápidamente. Una vez tocada la curva de nivel de 25 metros la sigue. Cuando esta se desvía de la dirección principal Norte-Sur, se ha buscado la curva de los 20m mediante una bajada suave. Tras seguir esta curva se ha pasado finalmente a la de 15 metros. El resultado es que no hay ningún punto de inflexión. Los sedimentos se evacuan al final de la tubería y el aire introducido sale de las tuberías en el depósito.

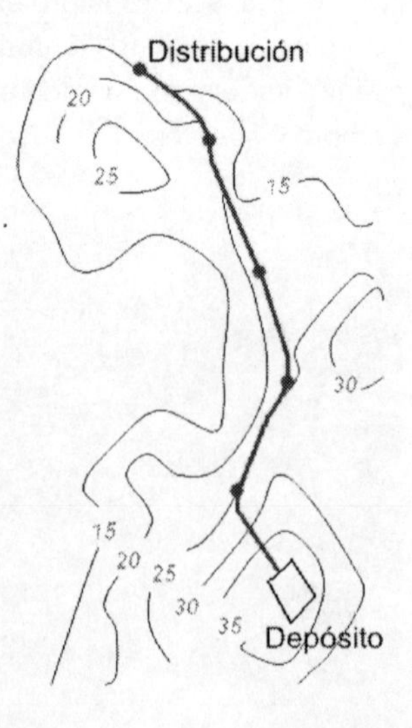

Socavado de infraestructuras

Las zanjas excavadas para las tuberías pueden desestabilizar y debilitar estructuras cercanas: muros de casas, vallas, postes eléctricos. El potencial de conflicto en caso de que una casa se derrumbe parcialmente o se caiga un poste eléctrico es importante.

Paso de ríos y torrentes

Si has trazado la tubería siguiendo los caminos y carreteras, lo más sencillo es atravesar los ríos y arroyos con la tubería fijada a la estructura del puente. Si no hay puentes, puedes sumergir la tubería lastrándola o hacerle un puente con un cable de acero. Todo esto se discute más adelante. En el caso de torrentes, busca las zonas más estrechas para pasar la tubería por encima en voladizo, o las zonas más amplias y de menor pendiente si se va a enterrar.

Tomando curvas

Cuanto más brusco es un cambio de dirección más energía se pierde. Por otro lado, para equilibrar las fuerzas que sufre la tubería en un cambio brusco de dirección hay que instalar bloques de hormigón. La pérdida de energía en los accesorios y la restricción con bloques de hormigón se ve más adelante.

Para evitar tener que construir estos bloques, perder energía innecesariamente y pedir accesorios extra (codos), puedes utilizar el margen de deflexión que te permiten las tuberías para tomar las curvas de manera suave. Normalmente, este ángulo está entre 3º y 5º. Para 3º de deflexión y tuberías de 6m, el radio de curvatura es 120m.

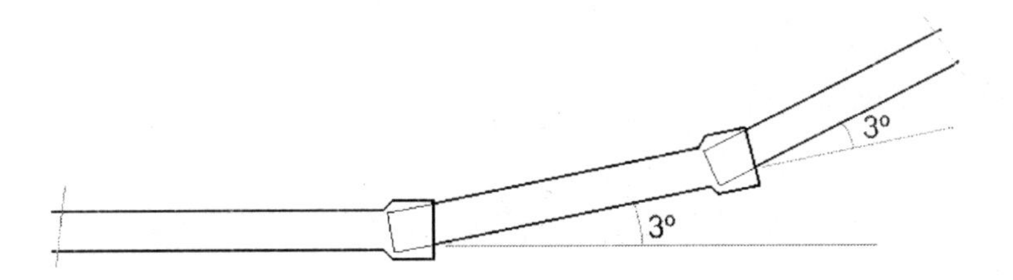

Estas tolerancias permiten a su vez tomar curvas de ángulos raros. Nomalmente en el mercado sólo hay codos de 90º, 45º y con suerte de 22'5º. Todos los ángulos entre ellos se consiguen con la deflexión de tuberías.

Si el terreno no te deja tomar una curva suave y necesitas 34,6° bruscamente, puedes colocar 2 codos de 90° seguidos y trasmitir ese giro a la parte vertical.
Las tuberías de pequeño diámetro y las de PEAD menores a 110mm se pueden curvar con radios muy pequeños hasta el punto que a veces vienen en forma de rollos.

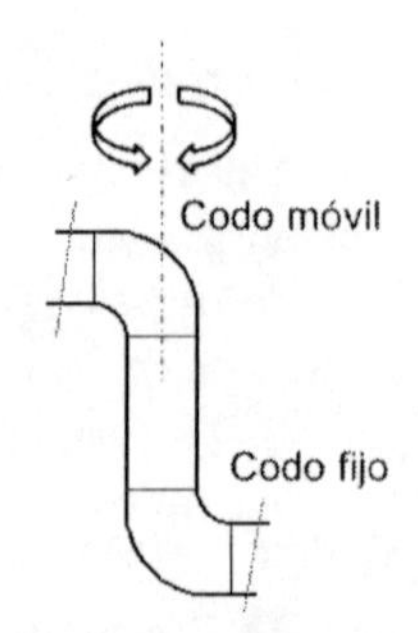

Costes y complicación

Es muy fácil dibujar el recorrido de tuberías por lugares que van a ser francamente complicados y antieconómicos. Evita zonas donde haya que picar roca, zonas de grava, zona de vegetación vigorosa y favorece zonas sedimentarias donde puedas evitar el lecho de arena y encontrar materiales localmente.

Acceso

La correcta instalación de tuberías puede requerir grandes cantidades de material, no sólo las tuberías, también muchas toneladas de arena para acondicionar las zanjas. Terrenos abiertos o con fácil acceso en camión son preferibles.

4. 3 MAPAS DE SITUACION

Conseguir un mapa de la zona es fundamental para empezar a planificar cuales pueden ser las distintas rutas de la tubería.

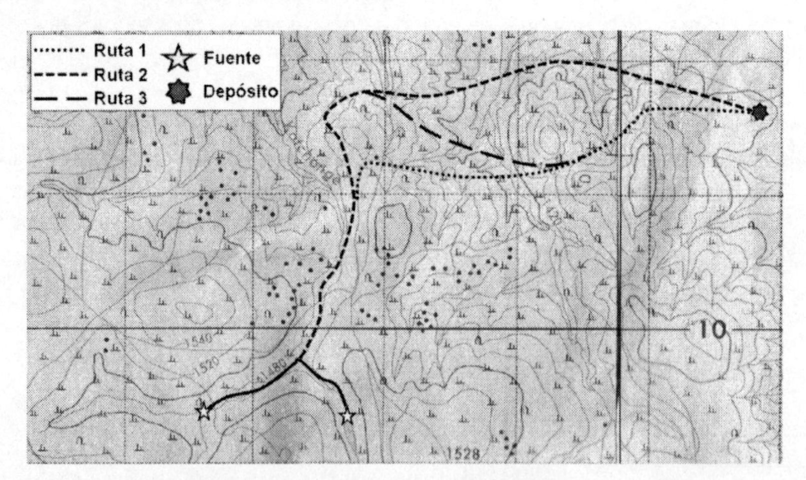

Sin embargo, rara vez puede sustituir a un estudio topográfico por la falta de precisión en las alturas. Observa que las curvas de nivel van de 20 metros en 20 metros. 20m de presión es frecuentemente el intervalo entre la presión máxima y la mínima en una red de agua. Por otra parte, intentar estudios topográficos sin tener una idea clara del relieve puede disparar la cantidad de trabajo necesario.

4. 4 CONSIGUIENDO MAPAS

Conseguir un mapa puede ser muy frustrante y llevar una cantidad de energía desproporcionalmente grande. Menos si sabes donde buscar. Frecuentemente están en los sitios más insospechados:

¡En el archivo del proyecto!

Tan obvio como puedas pensar, es probablemente la opción más olvidada. Algo en nuestro subconsciente tiende a hacernos pensar que esa habitación olvidada, ese contenedor oxidado no pueden contener más que información obsoleta. Los mapas, y sobre todo en antiguas colonias, tienden a ser antigüedades que ya no se reproducen y difíciles de encontrar. Ese contenedor lleno de porquería vetusta es frecuentemente tu mejor opción.

En informes antiguos

Por alguna extraña razón, la tasa de supervivencia de informes del pleistoceno es superior que la de información de primera necesidad para planificar cualquier intervención. Busca en los anexos y las introducciones de estos informes.

Por las paredes

A la gente le encantan los mapas y planos. Les da un aire de seriedad. El mapa que estás buscando tiene grandes posibilidades de estar en la pared del despacho de tu jefe, de alguna organización... En ocasiones, raya el absurdo. Tras el Tsunami del 2004, la agencia de cartografía de Naciones Unidas que nos decía que no tenía cartografía de la ciudad de Meulaboh, tenía un precioso póster en la pared con la fotografía aérea de la ciudad a escala 1:10000 y con curvas de nivel cada 5m. Hacía dos meses que las organizaciones trabajaban en la ciudad sin ningún mapa.

De organismos oficiales

Esta es probablemente la primera opción que te hubiera venido a la cabeza, sin embargo, es frecuentemente demasiado lenta y en ocasiones sin resultado.

De empresas con actividad en la zona

Las empresas suelen tener fotos aéreas y cartografía abundante de donde trabajan. En ocasiones, hasta tendrán trabajos topográficos. Si quieres que tu tubería siga la carretera, ¿acaso no merecerá la pena consultar con los que la están reparando?

De la Web

Si tienes conexión a Internet estás de suerte. Puedes acceder a la cartografía de Google de forma gratuita. Para ello, descarga el programa Google Earth de:

http://earth.google.com/intl/es/download-earth.html

Una vez instalado y abierto el programa, puedes navegar hasta el lugar de tu proyecto utilizando los controles del margen superior derecho:

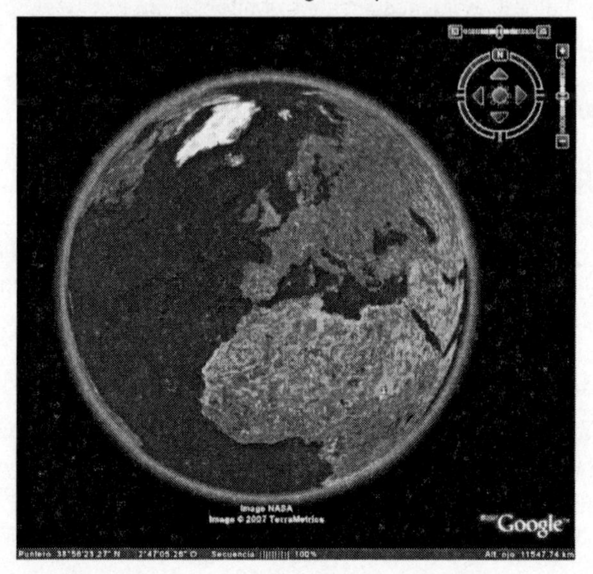

La barra vertical aumenta el zoom. Google te avisará cuando no tenga imágenes con más resolución. La horizontal te permite inclinar la vista para convertirla en 3D, lo que es muy útil para visualizar posibles trayectos de la tubería:

Para poder trabajar con tranquilidad y sin conexión, necesitarás otro programa para descargar las imágenes, algo que con Google Earth no puedes hacer. Con la versión de prueba de Google Maps Image Downloader puedes obtener imágenes hasta 13x, mayor con la versión de pago (24 USD). Puedes descargarlo en: http://www.aaaasoft.com/gmid/index.html

Software de GPS

Algunos programas para GPS, como CompeGPS, tienen la opción de descargar los mapas existentes de una zona. Para ello se conectan a los servidores públicos de la NASA, Ministerios de Agricultura, Google y otras instituciones, permitiéndote elegir que mapa descargar.

Algunos de estos programas pueden dibujar imágenes 3D y obtener los perfiles topográficos de las rutas dibujadas sobre los planos:

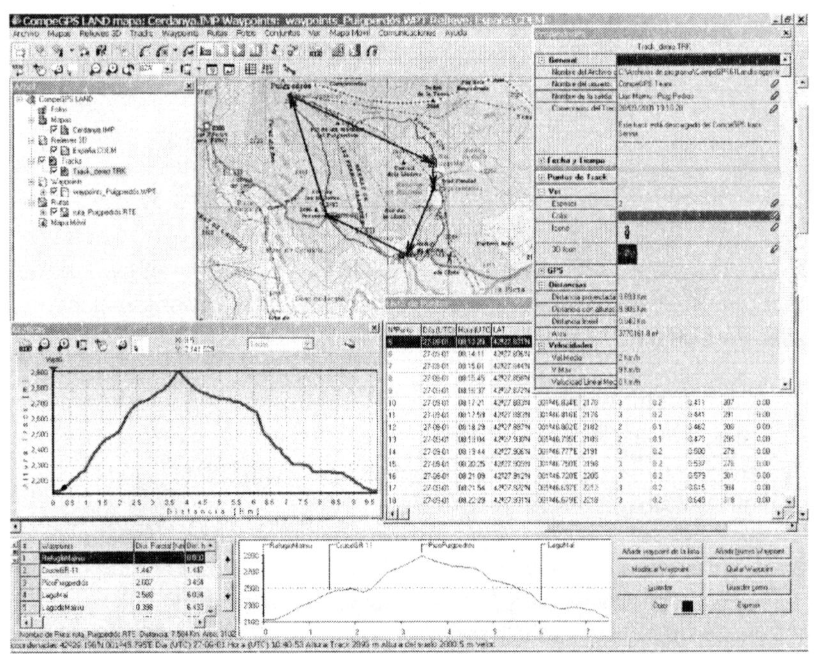

Fig. 4.4 Pantallazo de CompeGPS con el análisis del perfil topográfico.

4. 5 GPS

Un GPS es un dispositivo que te permite conocer las coordenadas de un punto con gran precisión (alrededor de 5m para los convencionales). Para ello, calcula la posición por triangulación respecto a una nube de satélites.

La utilidad principal es que evitan mucho trabajo de muestreo. Este, por ejemplo, es el muestreo de la red completamente desconocida de Meulaboh. Proyectando los puntos sobre la imagen satélite que tomé de la pared, pude reconstruir el mapa de la red:

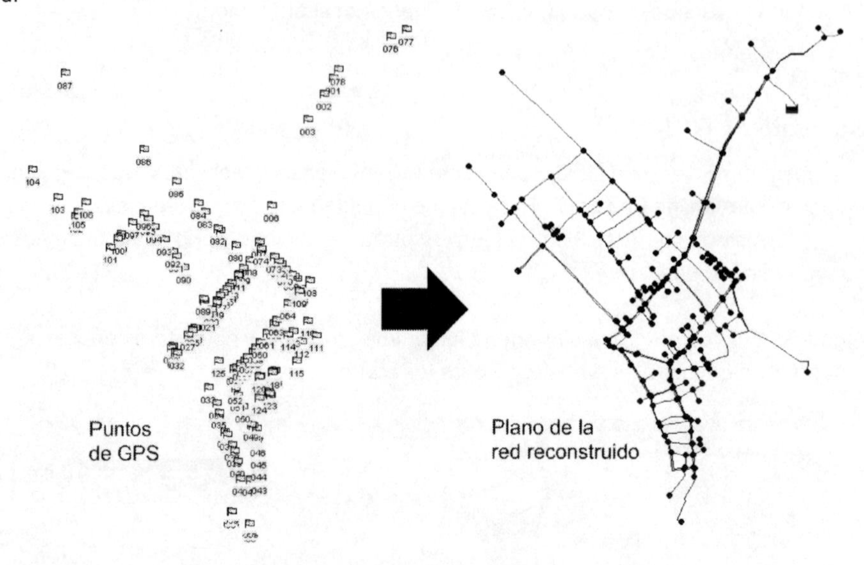

Errores frecuentes en el uso de un GPS

El abaratamiento de los dispositivos, su presencia casi universal y su facilidad de uso, hacen irónicamente que sea uno de los cacharros más abusados y peor utilizados. Pueden dar al traste fácilmente con un proyecto:

1. **Tomar la altitud en serio.** Tu GPS te va a presentar diligentemente una medida de la altitud (ej. 1826m). Si el GPS no tiene barómetro, los errores pueden ser de varios centenares de metros según la geometría de los satélites. Si tiene barómetro contén tu entusiasmo, en los modelos convencionales a día de la escritura el error es de ±10m. Basar un diseño en datos tomados con esta precisión es peligroso. Con esta horquilla de precisión puede ocurrir que los que estén a -10m reciban agua a una presión casi desagradable mientras que los que están a +10 no reciban ni gota. En vivo contraste, un estudio topográfico sobre varios km. con un teodolito óptico anterior a la fecha de tu nacimiento puede tener sólo algunos centímetros de error. Además, para un estudio se necesitan 3 altímetros (sección 4.7) y no sólo uno.

2. **No seleccionar un Datum**. Un datum es un punto de referencia que se ha utilizado para construir la cartografía de una zona. El datum por defecto del GPS es WGS84, muy útil en el caso de no tener mapas o para compartir

información, pero relativamente impreciso para todo el planeta. Por ello los mapas se hacen con datums más locales que se indican escrupulosamente en la leyenda o el reverso (Pico de las Nieves, Arc 1960, etc). Usar un GPS configurado para el datum WGS84 con un mapa con un datum distinto puede llevar a errores de varios centenares de metros.

3. **No usar coordenadas UTM.** Las coordenadas de longitud y latitud se inventaron para la navegación sin obstáculos. Es útil para el mar o el aire. En tierra no se pueden determinar las distancias entre dos puntos o la posición en un mapa sin cálculos laboriosos y se prestan a error. Observa por ejemplo la importancia que toma la coma en estas 3 formas de expresar las medidas:

45,432334	Grados y decimales de grado.
4543,2334	Grados, minutos y decimales de minuto.
454323,34	Grados, minutos, segundos y sus decimales.

Estos tres puntos están muy distantes entre sí. Si no eres escrupuloso con la coma puede ser que al llegar de tu muestreo tus puntos estén en el Océano Indico o en el país vecino.

4. 6 ESTUDIOS TOPOGRAFICOS

En su forma más simple, un estudio topográfico mide la diferencia de altitud y la distancia entre puntos de puntos consecutivos en una ruta. Para ello se coloca una mira nivelada en horizontal y se leen las marcas de dos reglas verticales. La resta entre las medidas de cada regla proporciona la altura.

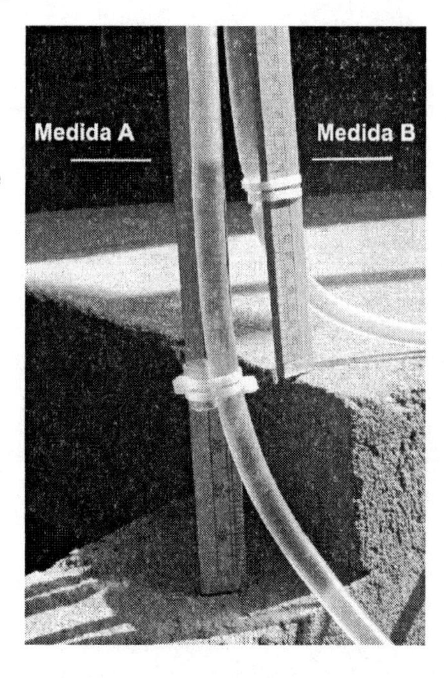

En la imagen se muestra un nivel de agua. El agua en cada extremo se colocará horizontalmente y la altura del escalón es la resta entre la medida A y la medida B de cada regla. Este nivel de agua es demasiado lento y las distancias son cortas. Sin embargo, a falta de otro equipo, se ha utilizado extensamente para la determinación de curvas de nivel para la agricultura con terrazas.

Si las reglas se separan, se usa un visor nivelado (teodolito) para determinar la horizontal y una cinta métrica para medir la distancia se puede trabajar más rápidamente que con el nivel de agua, y de hecho, es el método más común.

En el abastecimiento de agua no interesa saber cuál es la altura real de un punto sobre el nivel del mar, simplemente la diferencia de altura entre ellos. Por eso generalmente se elige un punto de manera arbitraria (la fuente, el emplazamiento del futuro depósito, la losa del patio de una escuela, etc.) y se miden los demás respecto a él. Este es el datum de los mapas del proyecto.

Frecuentemente, se pueden contratar equipos entrenados en el uso del teodolito (visor). Producirán dibujos en forma de perfil que relacionan la distancia acumulada con la cota:

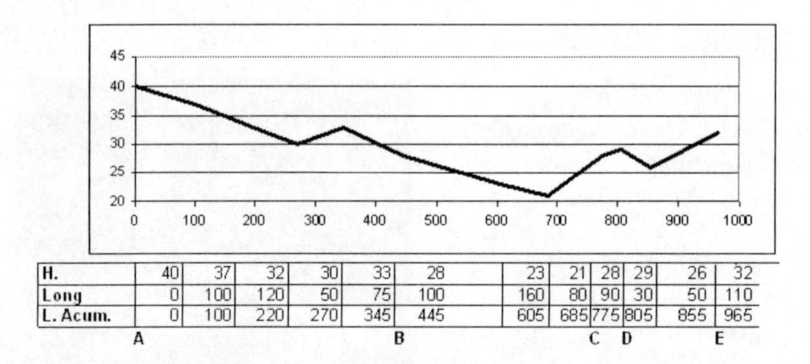

H.	40	37	32	30	33	28	23	21	28	29	26	32
Long	0	100	120	50	75	100	160	80	90	30	50	110
L. Acum.	0	100	220	270	345	445	605	685	775	805	855	965
	A					B			C	D		E

En este perfil, el punto B tiene una cota de 28m, una distancia acumulada de 445m y dista 100m del punto inmediatamente anterior. Rotando la cabeza del teodolito hasta apuntar sucesivamente a cada regla se obtienen dos medidas de ángulo. Su resta indica el ángulo del cambio de dirección y permite ver la disposición en planta:

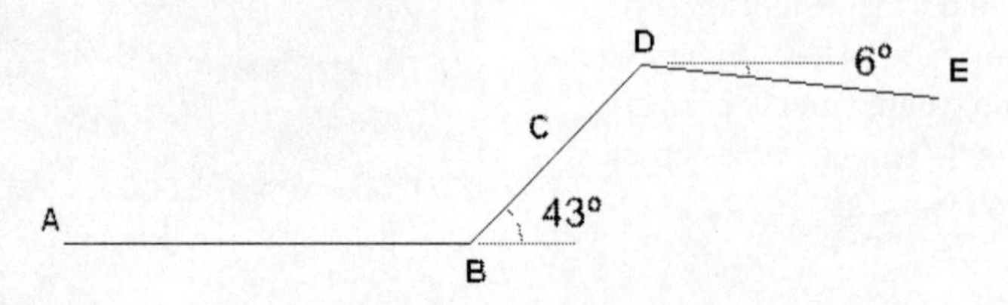

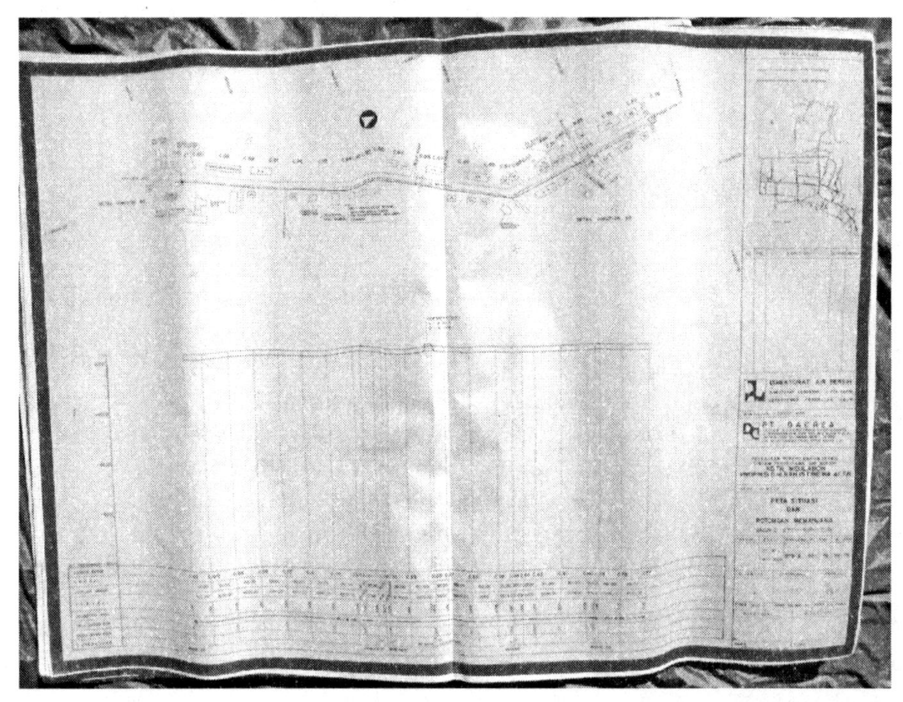

Fig. 4.6. Digitalización rápida de un estudio topográfico con una fotografía.

Cuestiones prácticas

1. Decide y marca cuál va a ser el datum del proyecto. Este datum servirá para todas las medidas futuras y ampliaciones, por lo que deber ser duradero y fácilmente reconocible. Márcalo con un mojón con la cota inscrita.

2. En su día organizaste un estudio topográfico estupendo y las tuberías acaban de llegar 5 meses más tarde. Estoooo… ¡¿por dónde fue que medimos?! Marca el recorrido mientras mides con estacas de madera y pintura o memorízalo con un GPS. Cada 500m coloca una estaca con la cota y distancia.

3. Para comprobar la precisión, mide en las dos direcciones, de abajo a arriba y de arriba abajo, y compara las medidas. No deben diferir en más de un metro. También puedes comprobar medias comparando distintas rutas. Si el punto inicial y el final son el mismo, la diferencia de altura, la midas por donde la midas, debe ser la misma.

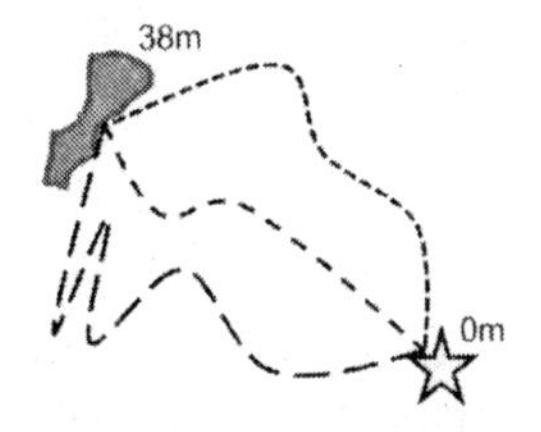

4. No estudies zonas por las que no puedas instalar tuberías: losas de granito, torrenteras, grava...

4. 7 ALTERNATIVAS AL TEODOLITO

Bastante menos precisas, pero dentro de lo aceptable. Alguna de estas alternativas te puede ser útil en algún momento.

Altímetros

Con altímetros de calidad se pueden llegar a resultados aceptables. Las variaciones de presión atmosférica durante un día pueden llevar a errores de varios metros, por lo que hacen falta 3 altímetros y 3 personas que se calibran en el mismo sitio. Después, se coloca un altímetro en la parte más alta y otro en la más baja del recorrido. Realizarán medidas cada 30 minutos y servirán para corregir las variaciones de presión. El tercer altímetro es el que realiza las mediciones a lo largo de la ruta.

Nivel Abney

Es un aparato con una mira que permite determinar el ángulo entre la horizontal y un blanco. La diferencia de altura se obtiene multiplicando la distancia por el seno del ángulo medido.

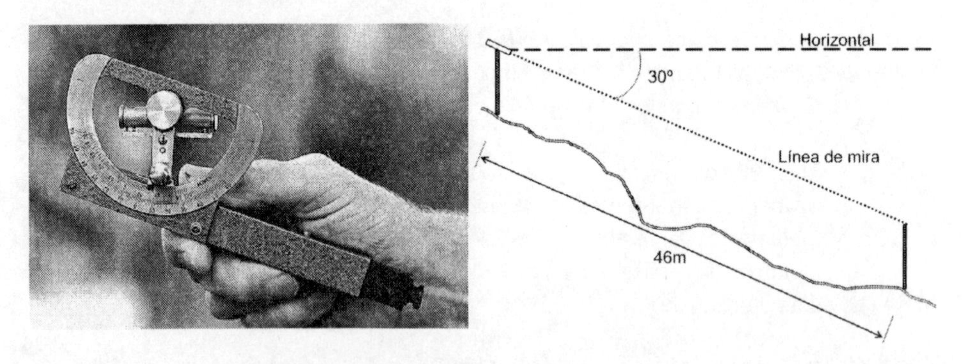

Si el ángulo medido es 30º y la distancia 46m la diferencia de altura es:

$$46m * \text{sen } 30^{\circ} = 46m * ½ = 23m.$$

Los aparatos de medida generalmente están diseñados para tener una precisión de la mitad de la unidad más pequeña. Aunque seas capaz de leer con más precisión el aparato no te seguirá.

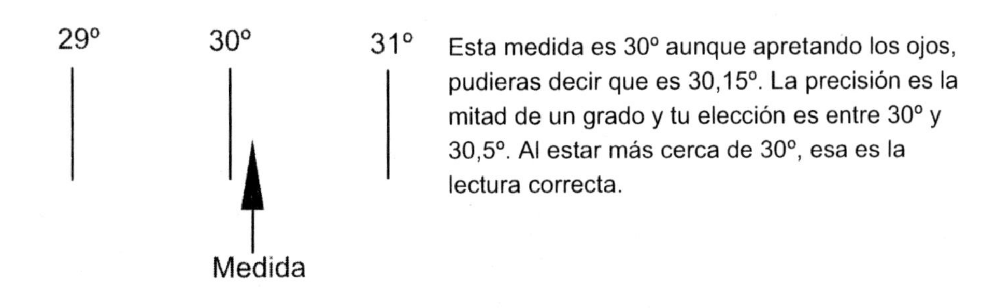

Esta medida es 30º aunque apretando los ojos, pudieras decir que es 30,15º. La precisión es la mitad de un grado y tu elección es entre 30º y 30,5º. Al estar más cerca de 30º, esa es la lectura correcta.

5. Diseños básicos

Todos los diseños comunes y muchos de los más raros están compuestos por combinaciones de alguno de estos casos básicos:

5. 1 RASPAS DE PESCADO

Es el caso más común en el que una tubería va ramificándose:

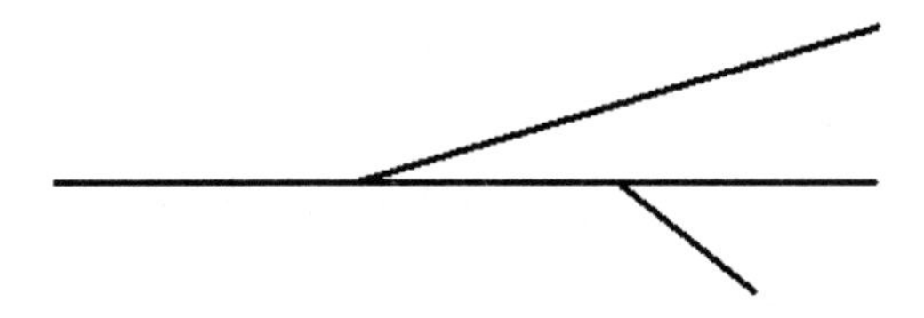

Para calcularla puedes empezar por la fuente o por los consumos lo que te sea más cómodo. A cada tubería principal mayor le suman los caudales de todas las menores que parten de ella:

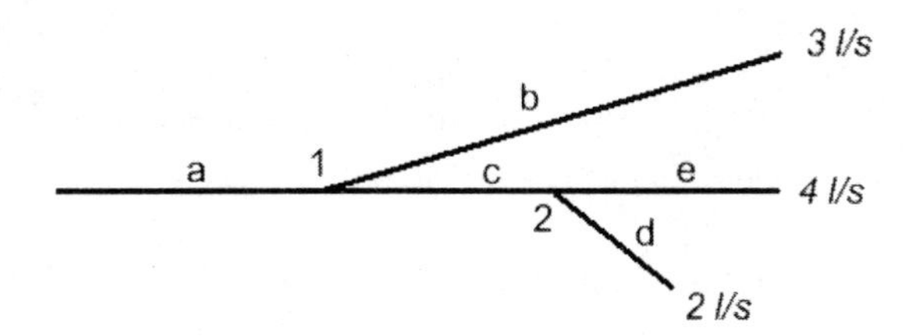

Los nudos 1 y 2 dan lugar a 5 tramos de tuberías. Las tuberías *b*, *e* y *d* sólo tienen que hacer frente a sus consumos terminales, 3, 4 y 2 l/s respectivamente. Para que el agua llegue a las tuberías *e* y *d*, la *c* debe poder transportar su caudal conjunto, 6 l/s. La tubería a debe transportan todo el caudal, 9 l/s.

Ejemplo de cálculo:

Calcula la red propuesta en el texto para PEAD con una presión en los grifos de 1,5 y 3 bares y con estos datos topográficos:

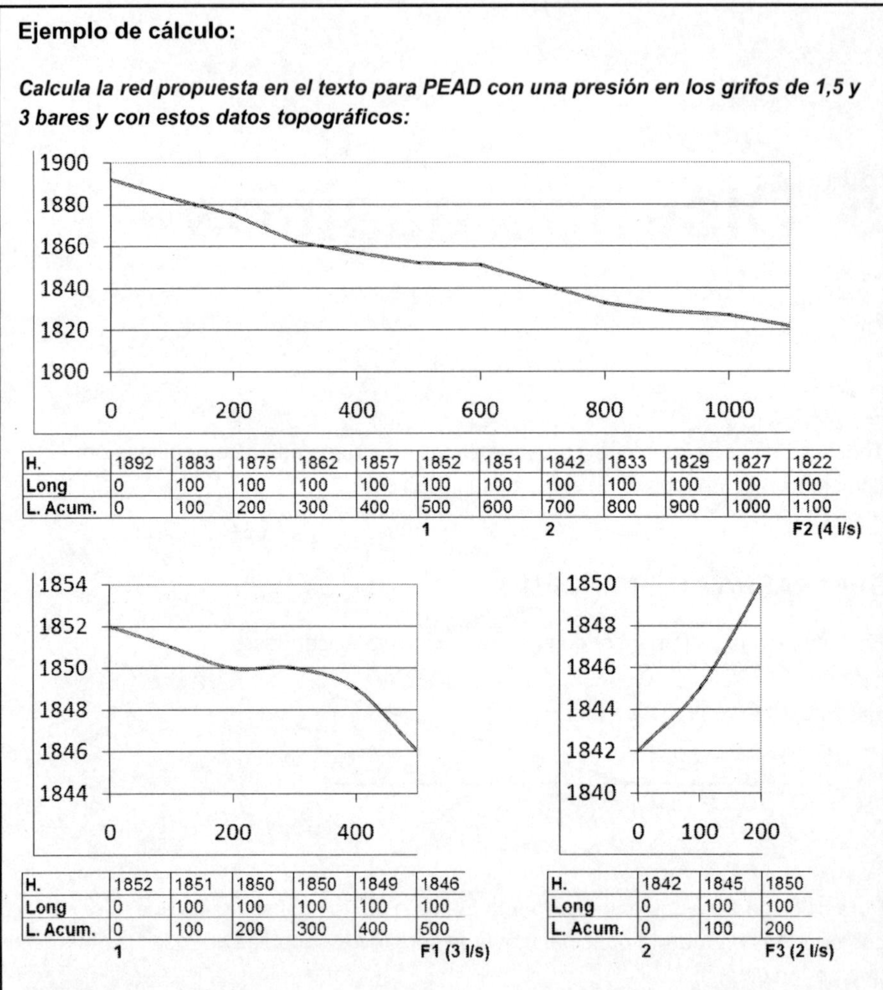

H.	1892	1883	1875	1862	1857	1852	1851	1842	1833	1829	1827	1822
Long	0	100	100	100	100	100	100	100	100	100	100	100
L. Acum.	0	100	200	300	400	500	600	700	800	900	1000	1100
						1		2				F2 (4 l/s)

H.	1852	1851	1850	1850	1849	1846
Long	0	100	100	100	100	100
L. Acum.	0	100	200	300	400	500
1						F1 (3 l/s)

H.	1842	1845	1850
Long	0	100	100
L. Acum.	0	100	200
	2		F3 (2 l/s)

TRAMO A

La tubería *a* debe transportar 9 l/s. En el punto 1, su cota es 1852m, muy próxima a la de las fuentes F1 (1846m) y F3 (1850m). Debemos tener presión residual suficiente para los trayectos de las ramas. Con 10m no se puede conseguir. Tentativamente podemos apuntar hacia los 25m de presión, lo que permite una pérdida de carga de:

1852m + 25m de presión = 1877m

(1892m-1877m)/0,500km = 30m/km

En las tablas, no hay un valor suficientemente próximo a 9 l/s en tubería de 90mm:

[illegible]	[illegible]	[illegible]
30,00	7,798	1,58
45,00	9,740	1,98

Aunque no sigue una relación exactamente lineal, los intervalos entre datos son suficientemente pequeños como para que puedas hacer interpolación lineal. La forma general de hacerlo es ésta:

$$\frac{J_x - J_{\text{inf}}}{J_{\text{sup}} - J_{\text{inf}}} = \frac{Q_x - Q_{\text{inf}}}{Q_{\text{sup}} - Q_{\text{inf}}}$$

Donde: J_x, valor pérdida carga a hallar
J_{inf}, J del caudal inmediatamente inferior
J_{sup}, J del caudal inmediatamente superior
Q_x, caudal del problema
Q_{inf}, caudal inmediatamente inferior
Q_{sup}, caudal inmediatamente superior

$$\frac{J_x - 30}{45 - 30} = \frac{9 - 7{,}798}{9{,}74 - 7{,}798} \rightarrow J_x = 39{,}28\text{m/km}$$

La energía disipada será: 0,5km * 39,28m/km = 19,64m

La presión residual en 1 es: 1892m- 1852m – 19,64m = 20,36m

20,36 metros es un valor próximo a los 25 planteados inicialmente.

TRAMO C

La tubería *c* debe transportar 6 l/s en total sobre una distancia de 200m. Manteniendo la presión en 20m en el punto 2, el agua tendrá presión para subir de nuevo en el ramal d.

J_{max}= (20,36m + 1852m – 1842m -20m)/0,2 km = 51,8m/km

Ninguna tubería se aproxima a este valor. Sin embargo, como la distancia es pequeña y no es necesario conseguir exactamente 20m (22m o 24m son igual de válidos), usamos tubería de 90mm. Para 6,2 l/s J= 20 m/km. La presión en el punto 2 será:

P_2= 20,36 +1852m - 1842m - (20m/km*0,2km) = 26,36m

TRAMO E

La tubería *e* debe transportar 4 l/s en total sobre una distancia de 400m con una presión residual entre 1,5 y 3 bares (15-30m). Se trata de encontrar una tubería con pérdida de carga entre estos valores para 4 l/s:

J_{min}= (26,36m + 1842m – 1822m -30m)/0,4 km = 40,9m/km
J_{max}= (26,36m + 1842m – 1822m -15m)/0,4 km = 78,4m/km

Mirando las tablas para una tubería de <u>63mm</u>:

45,00	**3,752**	**1,56**
60,00	**4,396**	**1,82**

Para 4 l/s el valor estará entre 45m y 60m, y por tanto también entre 40,9m y 78,4m.

Para calcular la presión residual se busca este valor interpolando:

$$\frac{J_x - 45}{60 - 45} = \frac{4 - 3{,}752}{4{,}396 - 3{,}752} \qquad J_x = 50{,}78\text{m/km}$$

Este valor está entre los anteriores. La presión residual será

P_{F2}= 26,36 +1842m - 1822m - (50,78m/km*0,4km) = 26,04m

La rama principal queda determinada:

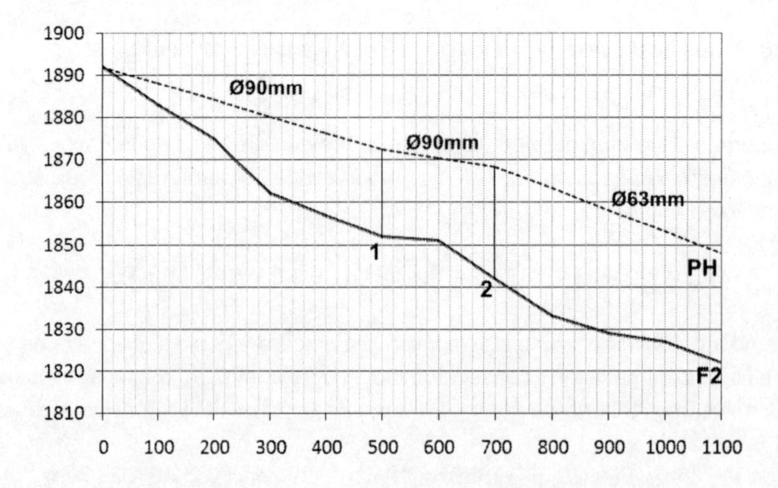

RAMA B

La tubería *b* debe transportar 3 l/s l sobre una distancia de 500m hasta una cota de 1846m partiendo de 1852m. La presión en 1 se ha calculado en 20,36m.

J_{max}= (20,36m + 1852m – 1846m -15m)/0,5 km = 22,72m/km o menor.

Mirando las tablas para una tubería de 90mm, se obtiene un valor de 5,5m/km. Se debe comprobar que no se excede la presión máxima:

P_{F1}= 20,36 +1852m - 1846m - (5,5m/km*0,5km) = 23,61m

En caso de que se hubiera sobrepasado, se hubiera instalado una mezcla de diámetros como se vio en el apartado 1.6.

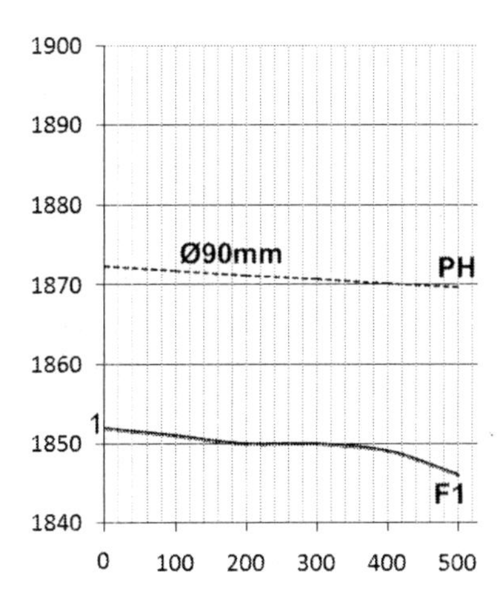

RAMA D

La tubería *d* debe transportar 2 l/s l sobre una distancia de 200m hasta una cota de 1850m partiendo de 1842m. La presión en 2 se ha calculado en 26,36m.

J_{max}= (26,36m + 1842m – 1850m -15m)/0,2 km = 16,8m/km o menor.

Mirando las tablas para una tubería de 63mm, se obtiene un valor de 15m/km. Se debe comprobar que no se excede la presión máxima:

P_{F3}= 26,36 +1842m - 1850m - (15m/km*0,2km) = 15,36m

El diagrama parcial queda:

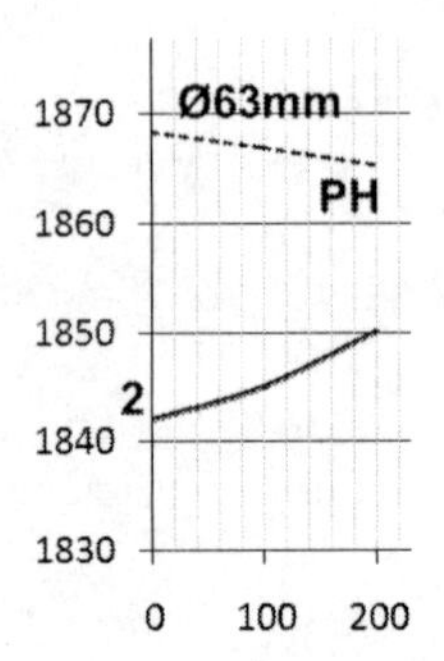

Colocando todas las ramas en la misma gráfica:

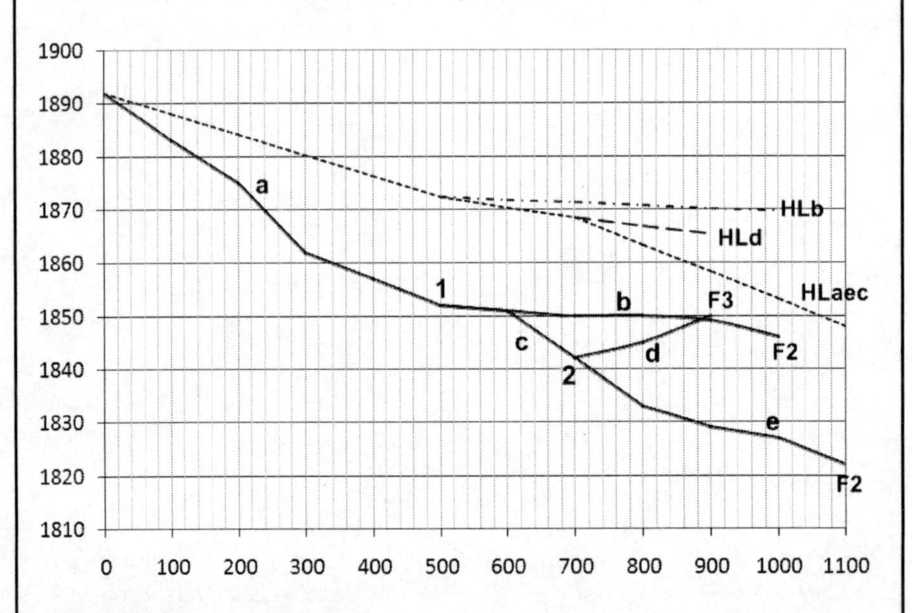

IMPORTANTE: Observa que cuando no haya consumo, por la noche por ejemplo, la presión del punto F2 es 1892m-1822m = 70m. Esta presión en la salida de un grifo es peligrosa e inservible para las personas. Lee atentamente la sección 5.3 para saber como se soluciona.

5. 2 VARIAS FUENTES

En ocasiones se deben utilizar varias fuentes que es improbable que estén al mismo nivel. Cuando se conectan fuentes a distinta presión, la de mayor presión interfiere a la descarga de la de menor presión.

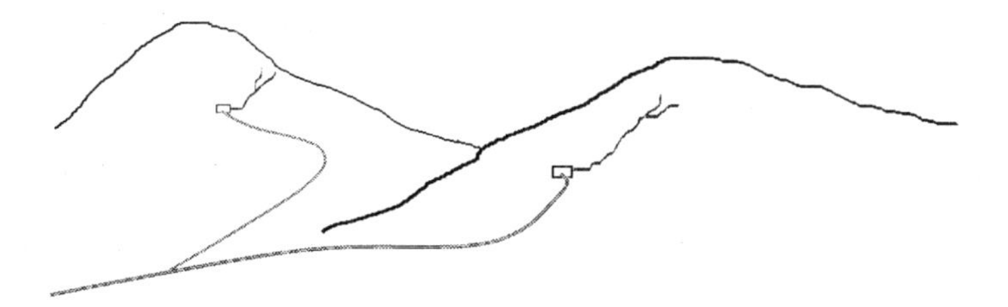

En estos casos, **ambas fuentes deben llegar al punto de unión con la misma presión residual**. En los periodos sin consumo, la fuente más elevada puede descargar en la más baja. Para impedirlo, se coloca una válvula de no retorno en la tubería de la fuente más inferior.

Ejemplo de cálculo:

En una ladera de un valle se ha construido una toma de 4 l/s a 60m de cota (Toma Norte). A 52m en la ladera opuesta se ha construido una segunda toma para un caudal de 2 l/s (Toma Sur). Se quiere unir ambos caudales a 32m de altura con tuberías de PEAD. Con el siguiente estudio topográfico en mano ¿Qué tuberías se han de instalar?

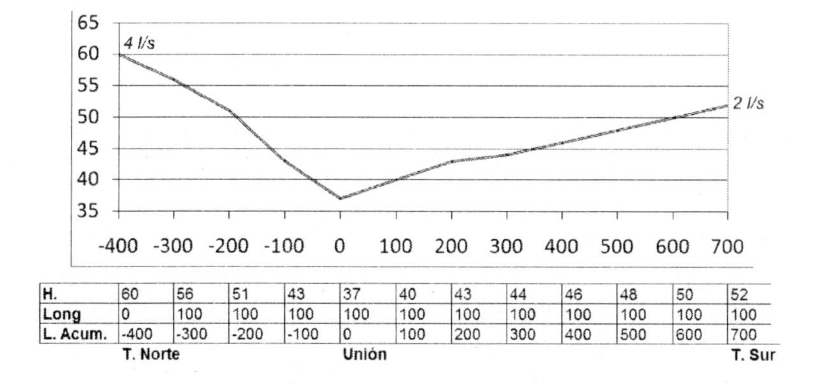

H.	60	56	51	43	37	40	43	44	46	48	50	52
Long	0	100	100	100	100	100	100	100	100	100	100	100
L. Acum.	-400	-300	-200	-100	0	100	200	300	400	500	600	700
	T. Norte				Unión							T. Sur

Queremos que la presión en el punto de unión sea superior a 10m aunque la topografía no va a permitir presurizar la red mucho más.

La tubería con menos margen de maniobra es la Sur. Empezamos por ella. La pérdida de carga máxima que puede tolerar es:

J_{max} = (52m - 10m - 37m)/0,7km = 7,14m/km

Para un caudal de 2 l/s la tubería más cercana en exceso es de <u>90mm</u>. La presión en el punto de unión es:

P= 52m – 37m - (2,75m/km*0,7km) = 13,07m

La pérdida de carga que se debe conseguir en la tubería Norte es:

$J_{norte-union}$ = (60m - 13m - 37m)/0,4km = 25m/km

Este trayecto estará constituido por una mezcla de tubería de 63mm y de 90mm. Para hallar la pérdida de carga correspondiente a 4 l/s en la tubería de 63mm se debe interpolar entre los valores de 45 y 60 como en el ejercicio anterior.

$$\frac{J_x - 45}{60-45} = \frac{4-3,752}{4,396-3,752} \rightarrow J_x = 50,78\text{m/km}$$

Para hallar la distancia a instalar de cada tubería se procede como en el ejercicio 1.6:

Pérdida Carga de X km tubería 63mm - Pérdida de carga de la distancia restante de tubería 90mm = Caída máxima posible

X * 50,78 m/km + ((0,4km –X) * 9m/km) = 60m-37m-13m

50,78X + 3,6 - 9X = 10 → 41,78X = 6,4 → X = 0,153km

Observa que el orden en el que se ponen las tuberías es muy importante. Si colocas primero la de menor diámetro la línea de gradiente pasa por debajo del suelo:

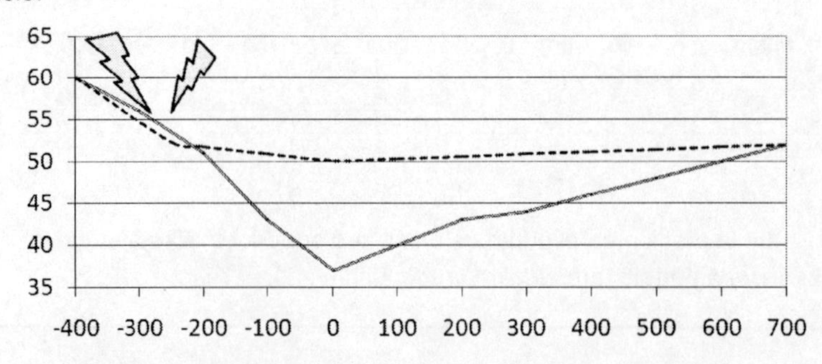

El gráfico de pendiente hidráulica y topografía queda:

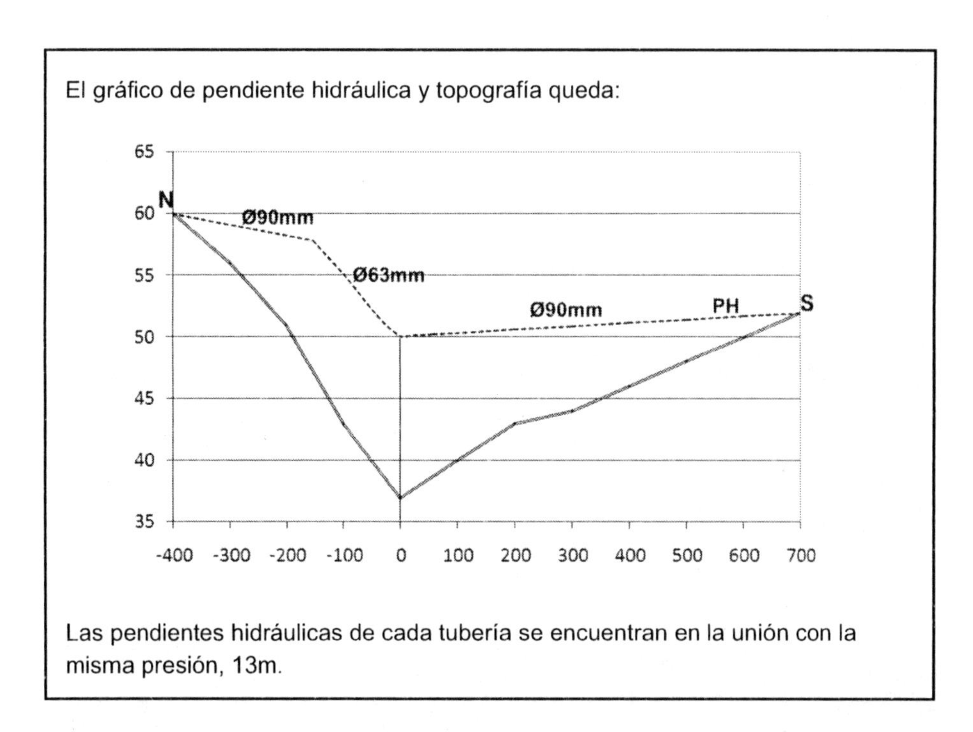

Las pendientes hidráulicas de cada tubería se encuentran en la unión con la misma presión, 13m.

5. 3 EXCESO DE DESNIVEL

La presión mínima determina que los usuarios reciban agua y que no desesperen con un hilo minúsculo. Igualmente importante es que no se superen límites máximos. Con un exceso de presión los sistemas se vuelven peligrosos, frágiles y multiplican sus fugas. Además de las fugas, el desperdicio de agua se incrementa notablemente.

En la página siguiente puedes observar lo que ocurre al intentar llenar un cubo con 3 bares de presión. Observa que le hacen falta dos manos para llegar a abrir el grifo. El chorro de agua a presión moja todo alrededor, incluidos los pies de los usuarios, y tras parar el grifo, las burbujas desaparecen dejando un cubo casi vacío. El sistema se vuelve gastoso, peligroso, desagradable e inaccesible a gran parte de la población si se utilizan grifos con cierre automático.

En zonas de casas bajas, procura que tu sistema no sobrepase 25m de presión en ningún momento.

La forma de limitar la presión, es instalar **tanques de ruptura de presión** (TRP), cuando el desnivel entre la fuente y el usuario sobrepasa los 25-30m. Un TRP es un pequeño depósito donde la tubería descarga. Al hacerlo, se despresuriza en contacto con la atmósfera de la misma manera que un pinchazo en una rueda.

Fig. 5.3. Exceso de presión por topografía. TRP, Qoli Abchakan, Afganistán.

Fig. 5.3.b Exceso de presión en una fuente pública, Lugufu, Tanzania.

El TRP permite disminuir la presión a 0. Eligiendo una cota de instalación puedes controlar cuál es la presión máxima disponible para el sistema. Como en el resto de puntos del sistema, la entrada al TRP debe tener una presión mínima de 10m para evitar sorpresas de cálculo y asegurar que entrará más agua de la que sale. En la sección 12.3 se explica el funcionamiento y la construcción.

Ejemplo de cálculo:

Calcula una distribución gravitatoria en PVC para que su único punto de consumo (1 l/s) registre presiones entre 1 y 2,3 bares en todo momento:

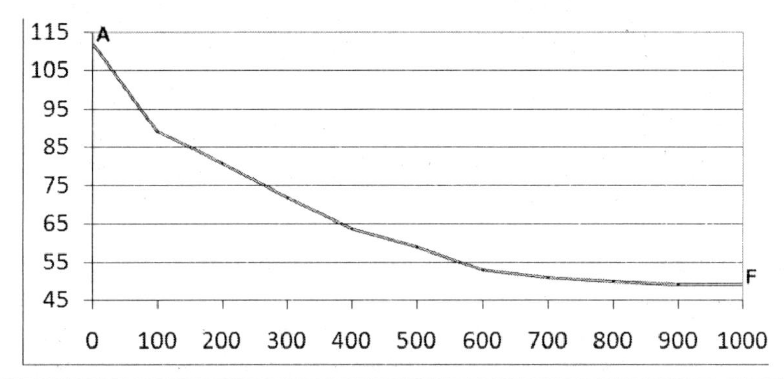

H.	112	89	81	72	64	59	53	51	50	49	49
Long	0	100	100	100	100	100	100	100	100	100	100
L. Acum.	0	100	200	300	400	500	600	700	800	900	1000
	A										F (1 l/s)

La presión en los momentos sin consumo es: 112m - 49m = 63m

Para respetar el máximo de diseño, la mayor cota del TRP posible es:

C_{max} = 49m + 23m = 72m

A
TRP
63m
23m
F
115 105 95 85 75 65 55 45
0 100 200 300 400 500 600 700 800 900 1000

Colocando el TRP a 72m, se divide el recorrido en una parte A-TRP de 300m y otra TRP-F de 700m. La tubería que cubre esta última, puede tolerar una pérdida de carga de:

$$J_{max} = (72m - 49m - 10m) / (0{,}700km) = 18{,}57m$$

Mirando las tablas de PVC para un caudal de 1 l/s se llega a un valor J=3,75m/km para tubería de 63mm. La presión en F será:

$$P = 72m - 49m - (3{,}75\ m/km * 0{,}7km) = 20{,}37m$$

Queda calcular el primer tramo. Para garantizar el suministro, la presión a la llegada del TRP debe ser de al menos 10m. Sin embargo, a mayor presión, la válvula de flotador tendrá más dificultades para cortar el caudal cuando aguas abajo del TRP haya menor consumo que lo que llega de la fuente. Como caudal, se utiliza el mismo con el que se calculó la salida, 1 l/s.

$$J = (112m - 72m - 10m) / (0{,}300km) = 100m/km$$

Observa que este valor esta fuera de cualquier tabla. Además exigiría instalar tuberías muy pequeñas que se bloquean fácilmente. La manera de solucionar el problema y permitir regulación es instalar la tubería inmediatamente superior, 40mm, y estrangularla a la entrada del TRP mediante una válvula parcialmente abierta. Esta válvula estranguladora aportará todas las perdidas de carga que la tubería no pueda.

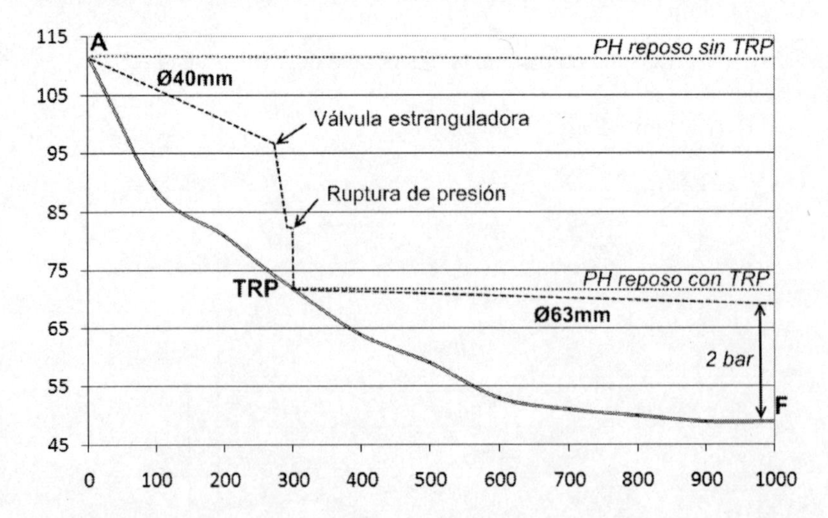

Observa la gran diferencia de presión entre los periodos sin consumo (reposo) con y sin TRP.

5. 4 PASO DE VALLES

Hasta ahora hemos ignorado las tuberías de mayor presión, PN16. Sin embargo, son muy útiles cuando la presión que sufrirá la tubería es demasiado grande. Que la presión máxima de diseño en los grifos sea 30m no implica que en muchos puntos de la red sea mucho mayor. Observa, por ejemplo, este caso real:

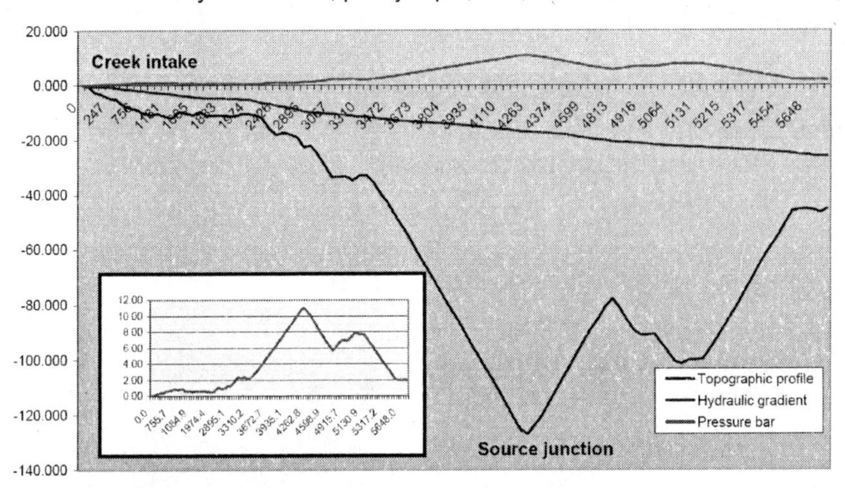

La presión en el punto "Source Junction" es 12 bares, excesiva para una tubería cuya presión nominal sea 10 bares. De hecho, **no sobrepases el 80% de la capacidad de la tubería** en tus diseños.

Cuando la presión en la tubería esperada en una tubería PN10, sea 10 bares * 0,8 = 8 bares, debes cambiar a PN16. En PVC es frecuente que la presión sea expresada en clases:

Clase B, 6 bares	
Clase C, 9 bares	
Clase D, 12 bares	12 bares * 0,8 = 9,6 bares máximo
Clase E, 15 bares	15 bares * 0,8 = 12 bares máximo

Por motivos de resistencia mecánica, no instales tuberías de clase B o C.

En PEAD, la presión esta codificada frecuentemente con una línea de color longitudinal:

Rojo	6 bares
Azul	10 bares
Verde	16 bares

5. 5 RECORRIDOS RETORCIDOS

Todos los accesorios producen turbulencias que aumentan la fricción. Normalmente, estas pérdidas son muy pequeñas y no se tienen en cuenta a la hora de calcular. Otras veces, el recorrido es tan sinuoso o el desnivel tan justo que es necesario tenerlas en cuenta para asegurar un correcto funcionamiento.

Pérdidas menores

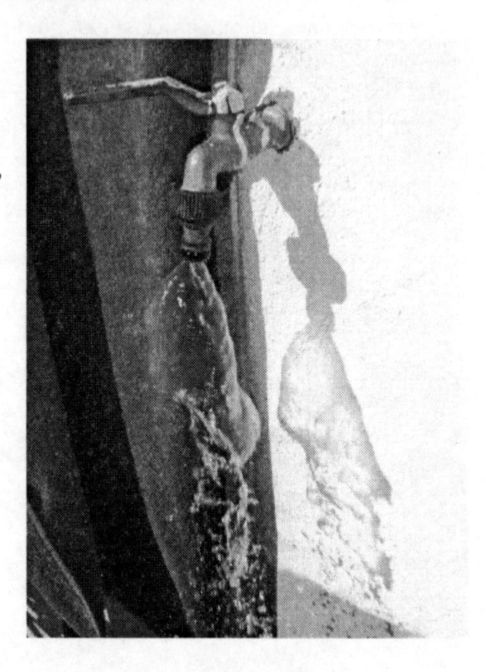

Son pérdidas de energía que se producen por las turbulencias introducidas por todo aquello que no sea una tubería recta: codos, válvulas, reductores, tés, etc. En la imagen, una válvula a medio cerrar crea una turbulencia cónica en la salida del grifo que se ve claramente en la proyección sobre la pared y sobre la tela azul.

Las pérdidas menores son más críticas en tuberías muy pequeñas (<25mm) y en aquellas donde el agua circula a gran velocidad.

Cálculo de las pérdidas menores

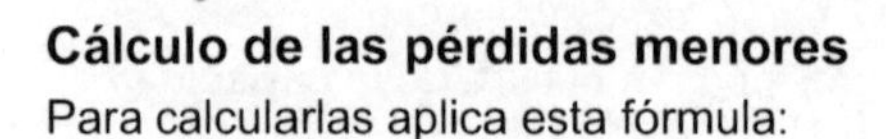

Para calcularlas aplica esta fórmula:

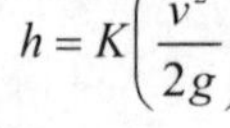

$$h = K\left(\frac{v^2}{2g}\right)$$

Donde:
- h, pérdida de carga
- v, velocidad en la tubería (ver tablas del Anexo B).
- g, constante de gravitación, 9,81m/s^2
- K, coeficiente de pérdida de carga según el accesorio. Algunos valores aproximados se muestran en esta tabla:

ACCESORIO	COEF. K
Válvula de Bola, totalmente abierta	10
Válvula antirretorno totalmente abierta	2,5
Válvula de Compuerta, totalmente abierta	0,3
Codo a 90º	0,8
Codo a 45º	0,4
Codo de Retorno (180º)	2,2
' T ' estándar (flujo recto)	0,6
' T ' estándar (flujo desviado)	1,8
Entrada brusca	0,5
Salida brusca	1

Más valores aproximados en la sección 2.5 de la referencia 19 y el apéndice 16 de la referencia 5. Para los valores exactos debes consultar al fabricante.

Ejemplo de cálculo:

Calcula la longitud equivalente de un codo de 90º de PEAD de 90 mm, sabiendo que el caudal punta es 4 l/s.

En las tablas del Anexo 2, 4 l/s corresponde a una velocidad de 0,81 m/s. El coeficiente de un codo de 90º es 0,8.

$$h = K\left(\frac{v^2}{2g}\right) = 0,8\left(\frac{0,81^2}{2 * 9,81}\right) = 0,027m$$

Tres centímetros de pérdida de fricción es despreciable. Cuando la velocidad es tan baja, no suele ser necesario calcular.

5. 6 MALLAS SIN ORDENADOR

¡Malas noticias! Incluso la red más sencilla que tenga un sólo bucle ya no se puede calcular de la manera que hemos estado viendo porque en ellas el agua tiene varios caminos para alcanzar un punto.

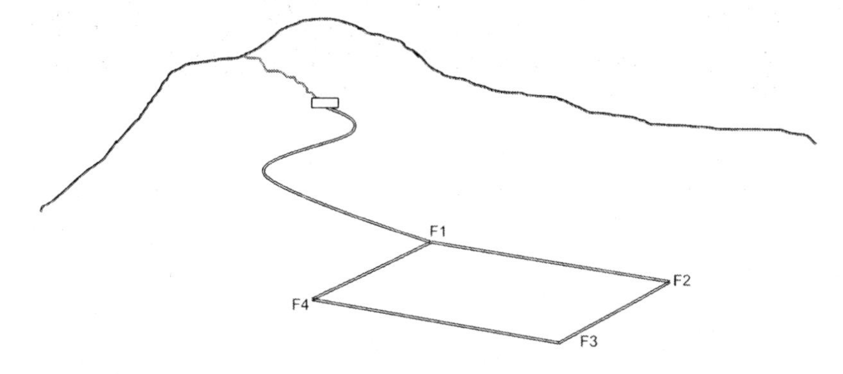

Para calcularlas a mano se utiliza el método de Hardy-Cross. Puedes encontrar la teoría y algún ejemplo en casi cualquier libro formal de hidráulica y en internet. Aunque requiere matemáticas preuniversitarias, en realidad es más laborioso que complicado para redes sencillas.

Actualmente es un método en desuso, que se estudia más como un ejercicio teórico que por su clara aplicación práctica. Aquí asumo que tienes acceso a un ordenador y un conocimiento básico de su uso.

Aprender a utilizar un programa de cálculo al nivel "Hardy Cross" te llevará mucho menos tiempo, 3 ó 4 horas, y te proporcionará mucha más satisfacción. Es tema del próximo capítulo.

6. Agua y ordenador

6. 1 PROGRAMAS

Hay dos gratuitos con enfoques distintos. Por la potencia de cálculo, el pequeño esfuerzo adicional para aprenderlo, la universalidad y la ausencia de limitaciones, se dedicará el capítulo principalmente al segundo, Epanet.

Neatworks

Es un programa desarrollado por la ONG Agua para la Vida (especialista en proyectos de agua por gravedad) y Logilab. Se puede descargar en castellano, inglés y francés en:

http://www.ordecsys.com/neatwork/

El programa está limitado a proyectos gravitatorios. Una de las facetas interesantes es que ayuda al diseño y tiene un optimizador de costes.

Epanet

Es un programa de la Agencia Norteamericana de Medioambiente, referencia a nivel mundial en el cálculo de redes. Su base de cálculo se utiliza en gran parte de las alternativas comerciales. Tiene un aprendizaje guiado sencillo y se aprende con rapidez. Esta disponible en castellano, inglés, francés y portugués. Los enlaces a cada una de estas versiones están en:

www.epanet.es/descargas.html

Las instrucciones que se dan aquí, son para la versión en castellano. Salvo que tengas preferencias por alguna otra, es buena idea que descargues ésta.

6. 2 CONOCIENDO EPANET

Como ves EPANET no tiene una apariencia demasiado intimidante:

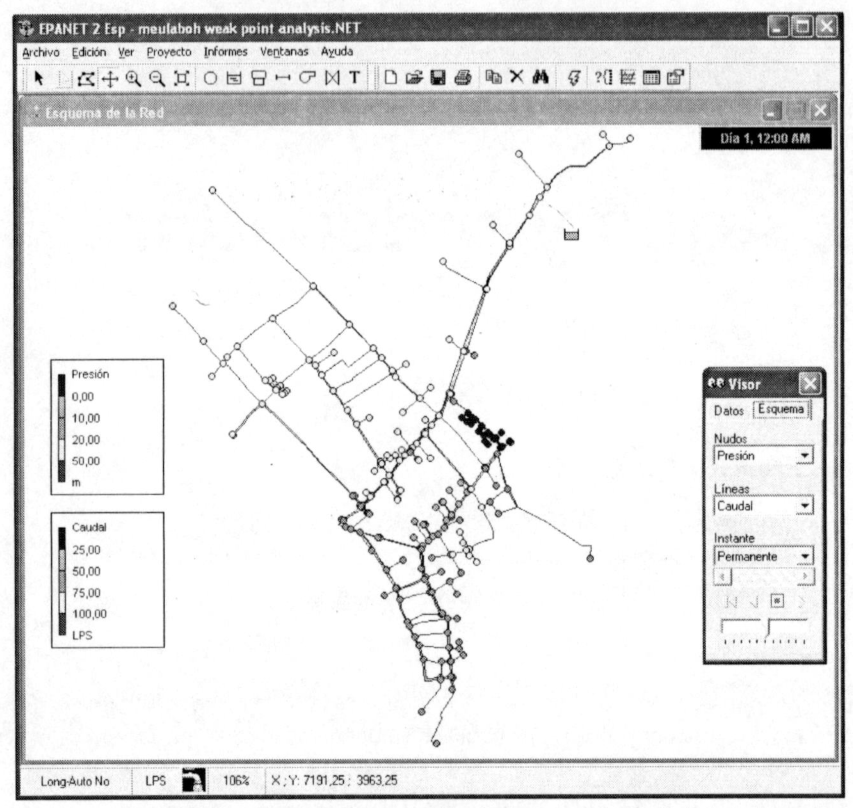

Fig. 6.2. Pantallazo de Epanet. Cálculo de la red de Meulaboh, Indonesia.

La mejor manera de explorar Epanet es realizar el estupendo tutorial introductorio incluido en la ayuda. Tardarás entre una y dos horas en terminarlo. Una vez hecho, te desenvolverás lo suficiente para seguir las instrucciones que se dan en los apartados que siguen.

Tutorial introductorio

Una vez descargado, instala el programa. La instalación es muy simple. Si necesitaras ayuda, ve a:

www.epanet.es/indexinstalacion.html

El tutorial "Guía Rápida" se activa pinchando en Ayuda y después en Guía rápida en el menú desplegado:

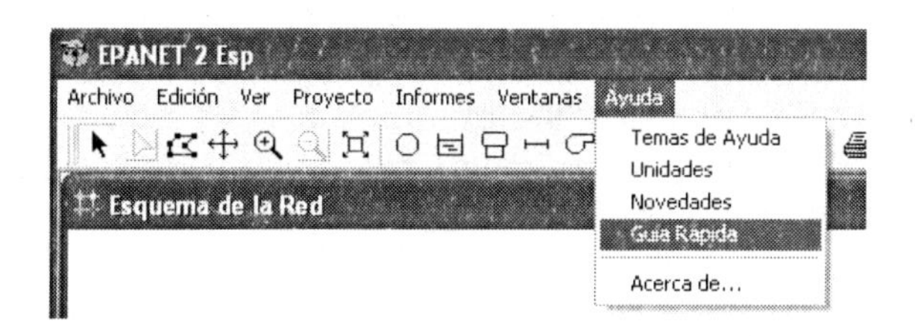

Si utilizas Windows Vista como sistema operativo, esta opción te dará error. Consulta las instrucciones del subapartado "¿Has perdido la ayuda de vista?" al final de la página en:

www.epanet.es//lipaco/23.html

Se abrirá un nuevo cuadro por el que puedes navegar pulsando flechas. Sigue sus instrucciones hasta completar el ejercicio:

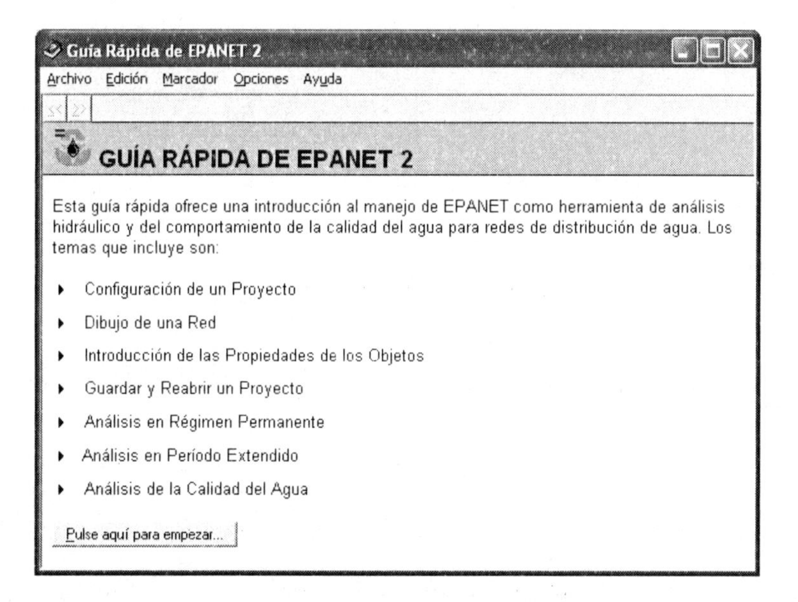

6. 3 CONFIGURANDO EPANET

Para que los cálculos tengan sentido, debes hacer algunas configuraciones iniciales muy sencillas:

1. Cambiar las unidades a LPS

En el tutorial habrás visto que Epanet no incluye las unidades en la mayoría de sus diálogos ni en la representación de los resultados. Por eso es fundamental que las conozcas. La configuración más cómoda es LPS (Litros Por Segundo).

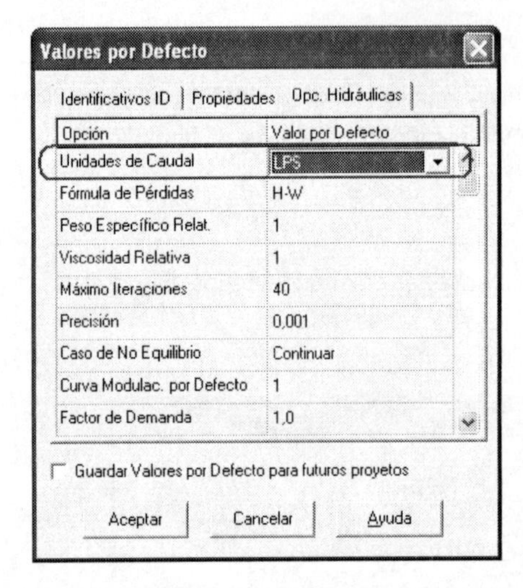

Pincha Proyecto, después Valores por Defecto en el desplegable y cambia a la pestaña de Opc. Hidráulicas en el cuadro que aparece. Allí, pincha Unidades de Caudal y selecciona LPS.

Al hacer cambio, las unidades son:

- Caudal: litros/segundo.
- Presión: metros (columna agua).
- Diámetros: milímetros.
- Longitudes: metros.
- Cotas: metros.
- Dimensiones: metros.

2. Seleccionar una fórmula de cálculo

La más sencilla y directa es la de Hazen-Williams, H-W en los diálogos.

En esta fórmula, el coeficiente de fricción de las tuberías o rugosidad es:

PEAD, PVC	140-150
Hierro Galvanizado	120
Fundición	130-140

Para elegir la fórmula de cálculo, en el mismo diálogo y pestaña que el cambio anterior, cambia Fórmula de Pérdidas a H-W.

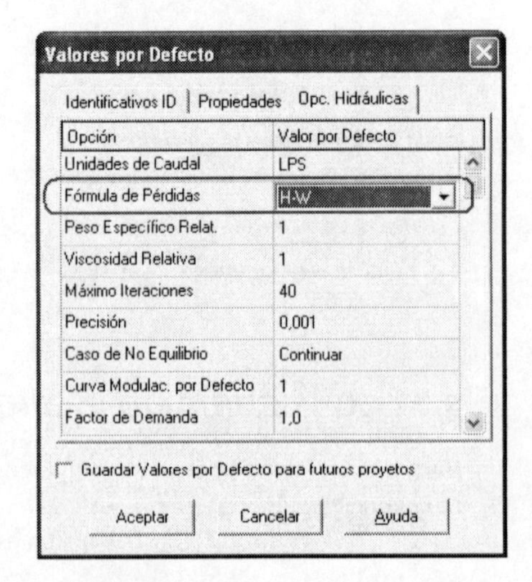

3. Introducir valores por defecto

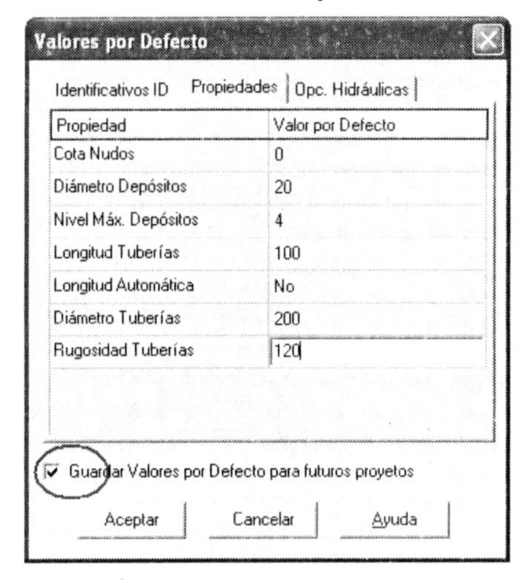

Seleccionando algunos valores por defecto puedes ahorrarte el trabajo de ir cambiando propiedades tubería a tubería y nudo a nudo. Si tu sistema es regular y repetitivo, puedes introducir una longitud por defecto. Si piensas que la mayoría de las tuberías serán de 90mm, ídem. Un valor que seguro quieres introducir es el de la rugosidad de la tubería.

Para ello, cambia a la pestaña propiedades e introduce los valores deseados. En la imagen, todas las tuberías medirán 100m, tendrán 200 mm de diámetro y una rugosidad de 120.

En Epanet, utiliza el diámetro interno de las tuberías. Consulta el Anexo B para valores aproximados de las tuberías plásticas.

6. 4 PERDIENDO EL MIEDO CON UN EJERCICIO

El pequeño pueblo de Massawa hace tiempo que necesitaba un sistema de abastecimiento de agua. Tradicionalmente el agua se transportaba en burro desde un arroyo a 6km, pero se ha descubierto accidentalmente un manantial en la colina a 36m de altura y hay cierta euforia en el pueblo. El caudal se estima en 3 l/s. Se planea abastecer 6 fuentes públicas, todas ellas a 17m de cota, menos la 6 (22m) y la 1 (25m) según este plano.

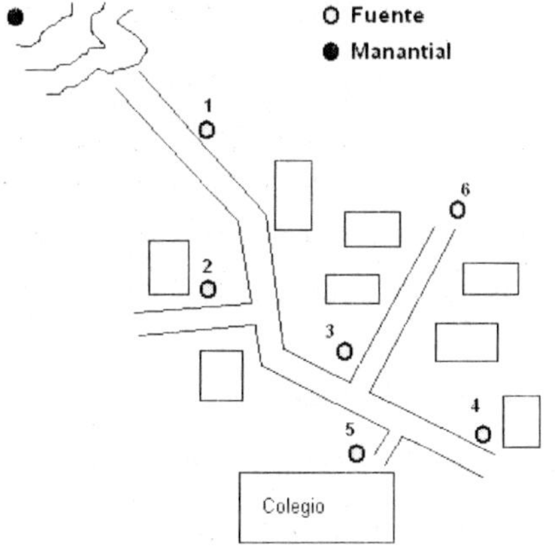

<u>Distancias</u>:

Manantial-1 800m

1-2 400 m

2-3 300 m

3-4 250 m

3-6 500 m

5 a tubería 3-4 200 m

Diseña en PVC el sistema capaz de alimentar 0,2 l/s a cada fuente y 1,0 l/s al colegio.

1. Pulsa *Proyecto* y después *Valores por defecto*. En la pestaña *Opc. Hidráulicas* en el diálogo que se abre, selecciona la *Fórmula de Pérdidas* de Hazen-Williams (H-W) y cambia las unidades a LPS. Configura los *Valores por Defecto* de la manera que creas te va a ahorrar más trabajo. Como mínimo introduce la rugosidad del PVC (140).

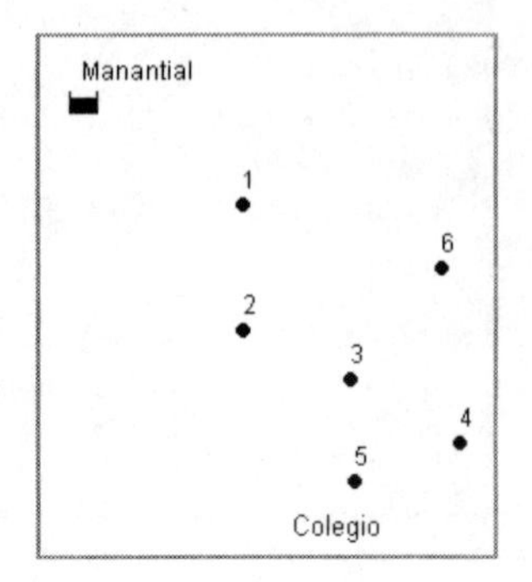

2. Dibuja los nudos de la red utilizando la barra de dibujo: [toolbar] . El nudo 5 va conectado a algún punto intermedio de la tubería que discurrirá entre 3 y 4.

3. Para poder representar esto, deberás dibujar un nudo sin demanda que en la realidad se correspondería con una "T". En la imagen de abajo se muestra esta Te desenterrada y el nudo extra en el esquema de Epanet.

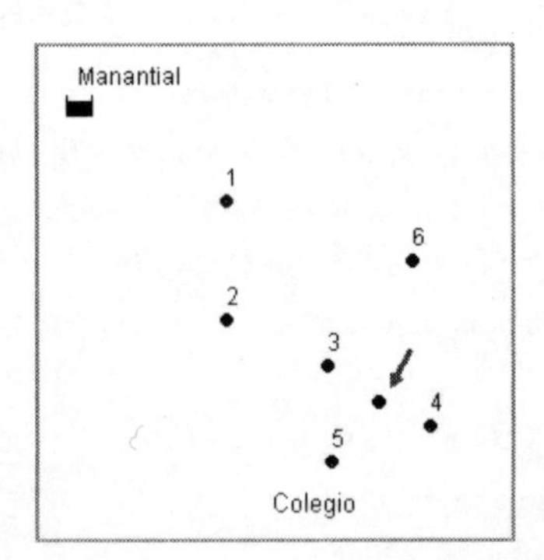

4. Une los nudos con tuberías de la manera que pienses más lógica y que menos material utilizará. Aquí parece lógico seguir la carretera principal. La longitud del tramo 3-4 debes dividirla en dos, aproximadamente en las proporciones del esquema o la realidad. A la tubería a la izquierda, por ejemplo, podemos asignarle 150m y a la de la derecha 100m, cuya suma corresponde a los 250m totales.

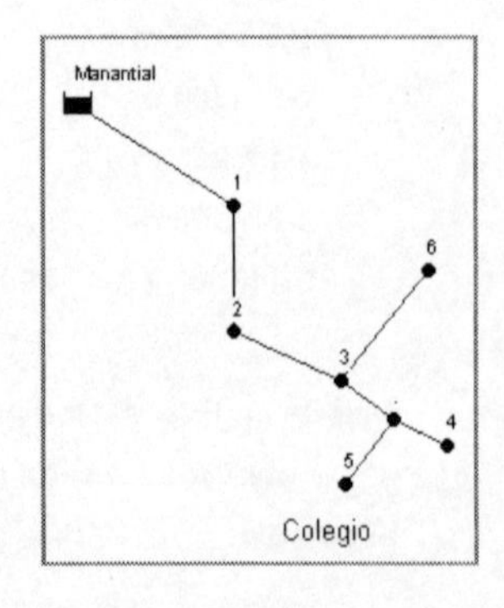

5. Introduce los datos de cotas, longitudes, demandas y fricciones donde no haya valores predeterminados. Para cambiar las propiedades de un objeto, pincha dos veces sobre él.

6. Calcula la red pulsando *calcular* . Lo más probable es que te salga un cartel de Simulación válida, que significa que las tuberías son suficientemente grandes. Pero ojo, ¡suficientemente grandes puede ser cualquier diámetro entre el menor que funciona y el del Sistema Solar!

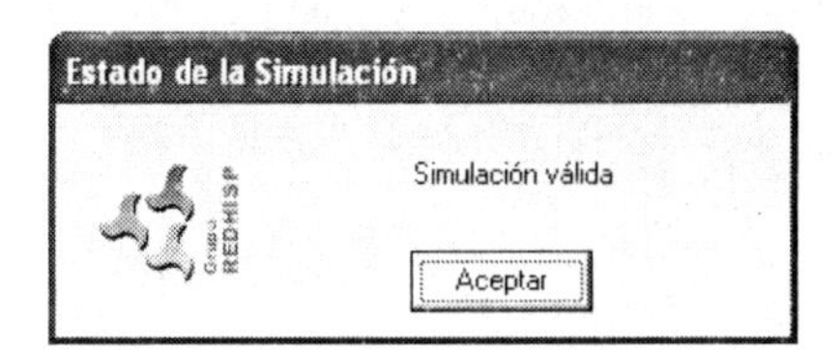

7. Cambia la escala de la leyenda para visualizar cómodamente los resultados. Para desplegar el diálogo que te permite hacerlo, pincha sobre ella con el botón derecho. Pinchar dos veces sobre el izquierdo, como estamos acostumbrados, hará que la leyenda desaparezca. Para volverla a visualizar pincha *Ver* , *Leyendas* y finalmente *Nudos:*

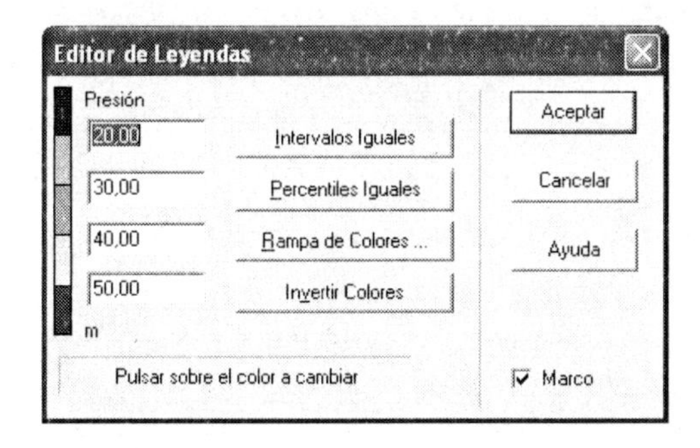

Epanet viene con la escala predeterminada. Aunque no es la más útil, se deja cambiar. Imagina por un momento que en tu sistema consideras correctas presiones entre 1 y 3 bares (10 y 30m). En ese caso, probablemente la mejor modificación es dejar el azul oscuro para los puntos con presión negativa, a continuación una franja de puntos con baja presión, de 0 a 10 metros y el margen de diseño en otro color, 10-30m.

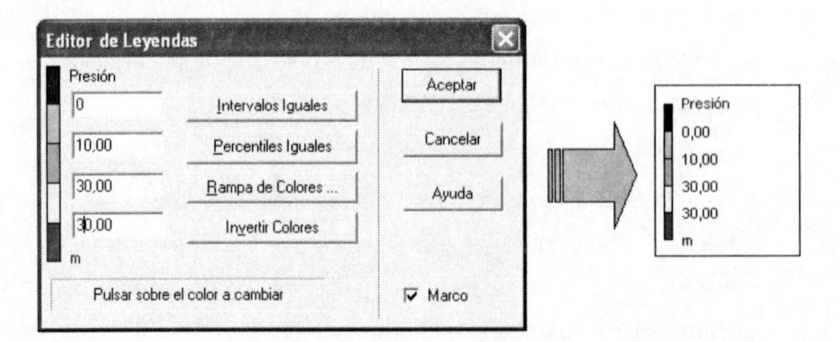

En esta leyenda se ha ignorado la escala adicional amarilla. Cuando hayas cambiado la leyenda el diagrama de la pantalla se actualiza:

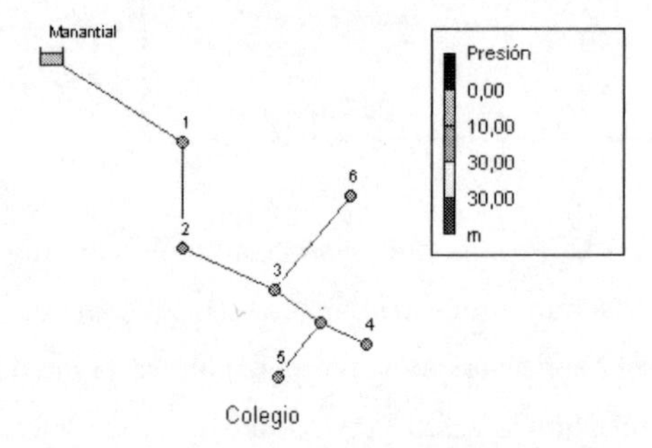

Este sistema devuelve todos los valores de presión correctos. ¡Pero ten cuidado! El trabajo no está terminado, hace falta entrar en un trabajo de optimización. Comprueba que si cambias la tubería del Manantial a la fuente 1 por una de 1 km de diámetro (1.000.000 mm), el sistema sigue saliendo correcto a pesar de que es un despropósito.

El cartel "Simulación válida" es sólo una invitación a optimizar el sistema y no un visto bueno por parte de Epanet de tu sistema.

8. Por tanto, debes ir disminuyendo los diámetros de tuberías hasta el mínimo que mantenga la presión en todos los puntos por encima de 10m. Los primeros cambios, a modo de ejemplo, se describen en los siguientes puntos, pero antes, un aviso importante sobre la filosofía.

Lo más lógico es empezar por las zonas más próximas a la fuente de agua. Si empiezas por las zonas más alejadas, te darás cuenta que los cambios de diámetro de tubería que hagas posteriormente cerca de la fuente alterarán todos aquellos que tan cuidadosamente habías optimizado previamente. Esto te llevará a una espiral de cambios interminables.

9. Cambia el diámetro de la tubería del Manantial a la Fuente 1 por 75mm y pulsa calcular. La Fuente 1, con 8,26m[3] de presión no llega al mínimo de diseño, 10m.

10. Cambia el diámetro a 100mm. Con 10,33 metros de presión, se puede dar por correcto.

Fíjate que no hemos usado diámetros tipo 92,319mm, que dejaría la presión en el punto 1 en exactamente 10m. No pierdas el tiempo intentando ajustes como éste y utiliza sólo diámetros que están disponibles comercialmente. Recuerda que cuando pidas las tuberías, el diámetro que obtuviste en Epanet es el diámetro interno. Es decir que para un diámetro interno de 75mm en una tubería de PEAD, deberías pedir 90mm, donde los 15mm de diferencia corresponden al grosor de las paredes.

11. Si la tubería que sale de la Fuente 1 puede ser de 100mm, es más que probable que todas las otras tuberías sean de 100mm o menores, en caso contrario, estaríamos creando un cuello de botella a la salida de la fuente y esto sólo se hace en casos muy especiales.

12. Sigue disminuyendo el tamaño de las tuberías hasta que obtengas el sistema optimizado. No hay una solución única, hay varias soluciones posibles.

Recuerda pulsar calcular tras una sesión de cambios para que Epanet tenga las modificaciones en cuenta. Si no pulsas calcular, ¡Epanet y tú podéis acabar trabajando sobre redes distintas!

---

[3] No te preocupes si los valores no son exactamente los mismos. Pequeñas variaciones en la introducción de datos pueden causar pequeñas diferencias, que apenas cambian las cosas.

Esta puede ser una de las soluciones:

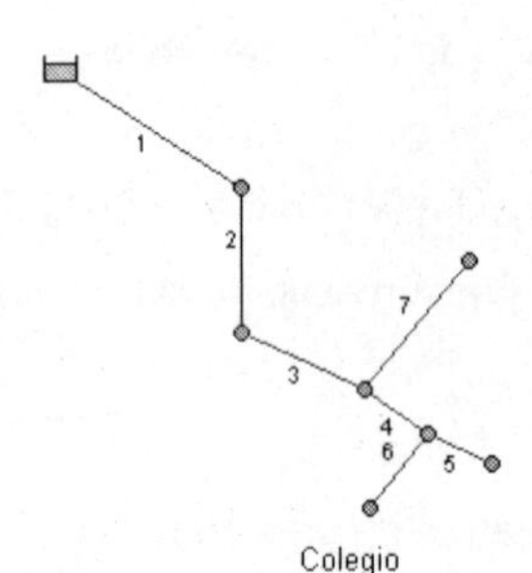

ID Línea	Longitud m	Diámetro mm
Tubería 1	800	100
Tubería 2	400	75
Tubería 3	300	75
Tubería 4	150	50
Tubería 5	100	18
Tubería 6	200	50
Tubería 7	500	50

6. 5 APRENDIENDO EPANET

Este ejemplo ha sido relativamente sencillo; el uso de Epanet requiere un poco más de esfuerzo. No mucho sin embargo. En los cursos, los alumnos consiguen usar Epanet para proyectos de gravedad en unas 20 horas. Si quieres profundizar en el uso de Epanet, estos dos libros de ayudarán:

- Arnalich, S. (2007). *Epanet y Cooperación. Introducción al diseño de redes por ordenador*. 200 páginas. Ed. Uman. ISBN 978-84-611-9322-6.

- Arnalich, S. (2007). *Epanet y Cooperación. 44 Ejercicios progresivos comentados paso a paso*. 216 páginas. Ed. Uman. ISBN 978-84-612-1286-6.

Puedes consultarlos en:
www.epanet.es/libros.html.

Uman también organiza periódicamente cursos presenciales y en línea:
www.epanet.es/cursos.html.

7. Conteniendo la fuerza del agua

7. 1 INTRODUCCION

Una red no es otra cosa que un recipiente que contiene muchas toneladas de agua en movimiento. Las fuerzas que se pueden generar son enormes y potencialmente muy destructivas, pudiendo dar al traste con todo el esfuerzo y trabajo para suministrar agua a una comunidad en unas décimas de segundo. Por ello es vital conocer qué tipo de fuerzas se pueden generar y la manera de evitarlas o contenerlas.

7. 2 PRESION HIDROSTATICA

El agua en una red tiende a mantener su estado de movimiento. Cualquier cambio de dirección o de velocidad genera una fuerza. Los casos básicos, donde las fuerzas generadas se muestran con línea continua y las necesarias para equilibrar en discontinuo, son:

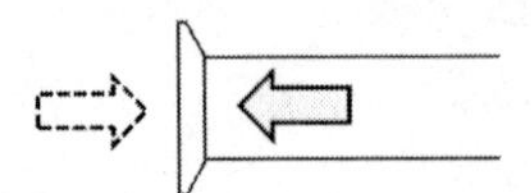

Tubería ciega. El final de tubería debe soportar la presión del agua.

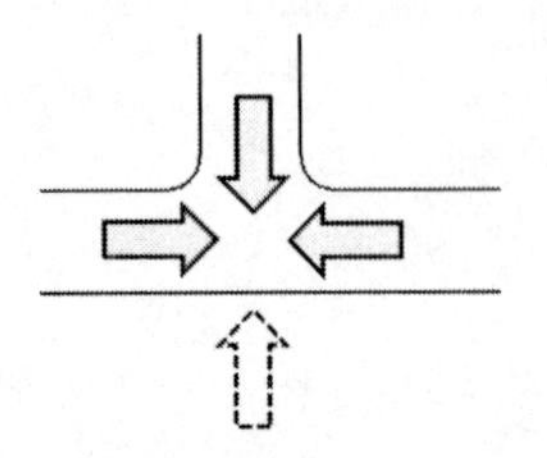

Te. El empuje de las dos ramas en línea se anula. El de la tercera rama no esta equilibrado y produce una fuerza neta en dirección opuesta.

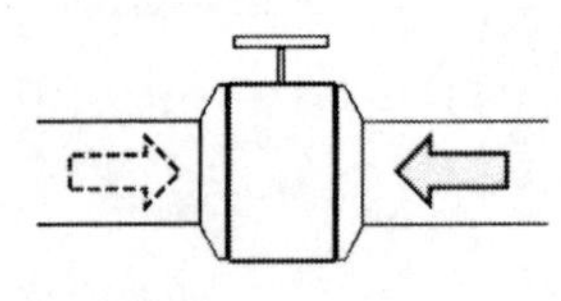

Válvulas. El cierre completo produce una situación similar a la tubería ciega. El cierre parcial produce una acelación en dirección del flujo. La corriente empuja la válvula en la dirección de su flujo.

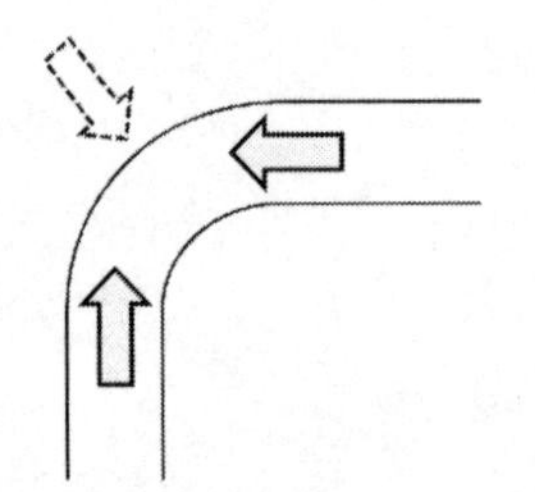

Codo. Es una situación similar a la Te en la que ninguno de los empujes equilibra al otro. Se necesita una fuerza oblicua que compense ambos empujes.

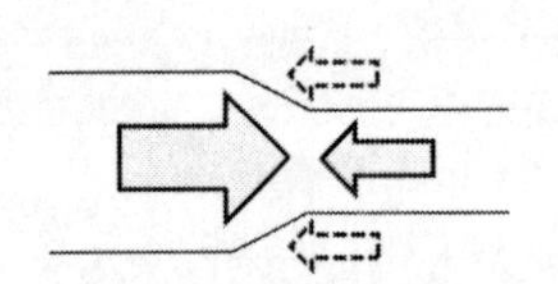

Reducción. En ausencia de movimiento, la presión del lado mayor actúa sobre una mayor superficie y genera una fuerza mayor. Si hay flujo, se produce una aceleración y una situación similar a la de las válvulas.

Observa que la presión tiende a separar las distintas tuberías que forman una conducción por las uniones. Si durante una trayecto se permite suficiente movimiento como para que las tuberías se separen, la fuga resultante es monumental.

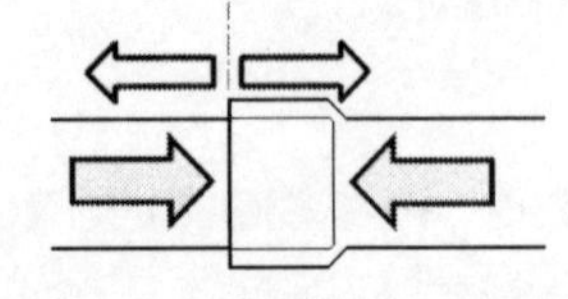

Estas fuerzas son muy destructivas para las instalaciones y deben ser compensadas.

7. 3 BLOQUES DE RESTRICCION

Si la profundidad de enterramiento es adecuada (mayor a 1m) la presión del terreno es suficiente para mantener las tuberías unidas. En el resto de las situaciones, sin embargo, deben compensarse utilizando **bloques de restricción.**

Un bloque de restricción es un bloque de hormigón armado que transmite la fuerza desde la tubería hasta el terreno. Para ello, deben apoyar contra terreno compactado y tener una superficie adecuada. El sistema se equilibra, y las tuberías ya no se ven forzadas a absorber las fuerzas resultantes. Estos bloques se construyen con hormigón 1:2:4 y se arman para evitar grietas durante el fraguado.

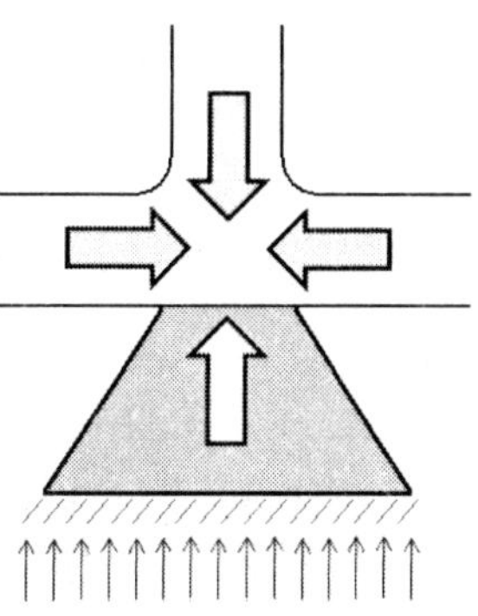

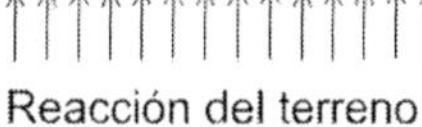

Reacción del terreno

En la imagen, se muestra el bloque de restricción de un codo de 90º. La tubería central sujeta el encofrado, no es parte de la conducción.

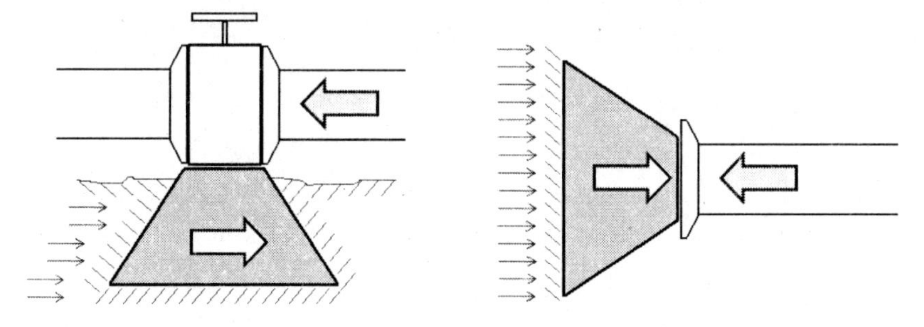

Si se hace una caja de válvulas en hormigón, ésta puede servir de anclaje.

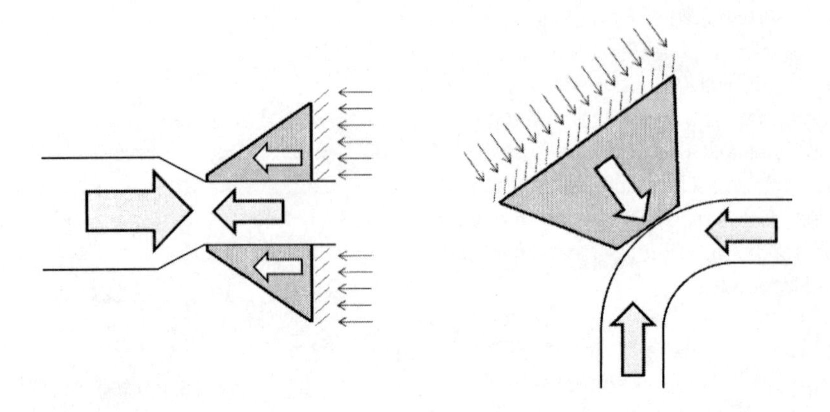

La superficie del bloque depende principalmente del tamaño de la tubería, la consistencia del terreno, la presión interna y el tipo de disposición a compensar. Usa las siguientes tablas para determinar el tamaño necesario (Ancho*Altura/Volumen):

Suelos de alta resistencia: Roca fragmentada, grava...						
DI	**PN**	**Codo 11° 1/4**	**Codo 22° 1/2**	**Codo 45°**	**Codo 90°**	**Ciego y Te**
80	10	0.10x0.18/0.01	0.17x0.18/0.02	0.21x0.28/0.04	0.38x0.28/0.06	0.28x0.28/0.05
	16	0.13x0.18/0.01	0.18x0.28/0.03	0.33x0.28/0.05	0.59x0.28/0.11	0.43x0.28/0.07
100	10	0.11x0.20/0.01	0.21x0.20/0.02	0.29x0.30/0.06	0.51x0.30/0.10	0.37x0.30/0.07
	16	0.17x0.20/0.02	0.24x0.30/0.04	0.45x0.30/0.08	0.77x0.30/0.20	0.57x0.30/0.11
125	10	0.14x0.22/0.02	0.20x0.32/0.04	0.38x0.32/0.08	0.67x0.32/0.17	0.49x0.32/0.11
	16	0.23x0.22/0.03	0.32x0.32/0.07	0.59x0.32/0.14	1.01x0.32/0.37	0.75x0.32/0.20
150	10	0.18x0.25/0.03	0.26x0.35/0.06	0.48x0.35/0.12	0.83x0.35/0.27	0.61x0.35/0.16
	16	0.28x0.25/0.04	0.40x0.35/0.09	0.73x0.35/0.21	1.04x0.45/0.54	0.93x0.35/0.34
200	10	0.24x0.30/0.05	0.37x0.40/0.12	0.68x0.40/0.24	0.98x0.50/0.54	0.86x0.40/0.33
	16	0.30x0.40/0.09	0.56x0.40/0.19	0.87x0.50/0.42	1.46x0.50/1.17	1.09x0.50/0.66
250	10	0.31x0.35/0.08	0.48x0.45/0.20	0.75x0.55/0.35	1.28x0.55/0.99	0.95x0.55/0.55
	16	0.39x0.45/0.16	0.73x0.45/0.32	1.13x0.55/0.78	1.67x0.65/2.00	1.41x0.55/1.21
300	10	0.37x0.40/0.12	0.59x0.50/0.28	0.93x0.60/0.58	1.41x0.70/1.53	1.17x0.60/0.91
	16	0.48x0.50/0.24	0.78x0.60/0.41	1.39x0.60/1.27	2.04x0.70/3.22	1.56x0.70/1.87
350	10	0.43x0.45/0.18	0.61x0.65/0.27	1.11x0.65/0.88	1.67x0.75/2.30	1.26x0.75/1.31
	16	0.57x0.55/0.35	0.93x0.65/0.62	1.49x0.75/1.83	2.23x0.85/4.66	1.84x0.75/2.80
400	10	0.49x0.50/0.25	0.71x0.70/0.39	1.17x0.80/1.20	1.79x0.90/3.18	1.46x0.80/1.87
	16	0.65x0.60/0.49	1.07x0.70/0.89	1.60x0.90/2.54	2.42x1.00/6.45	1.97x0.90/3.86

Fuente: Saint Gobain–PAM Canalisation (16)

Suelos de resistencia moderada: Arena, arcilla...						
DI	**PN**	**Codo 11° 1/4**	**Codo 22° 1/2**	**Codo 45°**	**Codo 90°**	**Ciego y Te**
80	10	0.13x0.18/0.01	0.17x0.28/0.02	0.32x0.28/0.04	0.56x0.28/0.10	0.41x0.28/0.06
	16	0.14x0.28/0.02	0.26x0.28/0.04	0.49x0.28/0.08	0.85x0.28/0.23	0.63x0.28/0.13
100	10	0.17x0.20/0.02	0.23x0.30/0.04	0.43x0.30/0.07	0.74x0.30/0.19	0.54x0.30/0.10
	16	0.18x0.30/0.03	0.35x0.30/0.05	0.65x0.30/0.15	1.11x0.30/0.41	0.83x0.30/0.23
125	10	0.22x0.22/0.03	0.30x0.32/0.06	0.56x0.32/0.12	0.97x0.32/0.34	0.72x0.32/0.19
	16	0.25x0.32/0.04	0.47x0.32/0.08	0.85x0.32/0.27	1.18x0.42/0.65	1.07x0.32/0.42
150	10	0.26x0.25/0.04	0.38x0.35/0.08	0.70x0.35/0.19	0.99x0.45/0.49	0.89x0.35/0.31
	16	0.31x0.35/0.06	0.59x0.35/0.14	1.06x0.35/0.43	1.46x0.45/1.06	1.10x0.45/0.60
200	10	0.29x0.40/0.07	0.54x0.40/0.14	0.83x0.50/0.38	1.39x0.50/1.07	1.05x0.50/0.61
	16	0.44x0.40/0.12	0.82x0.40/0.30	1.24x0.50/0.85	1.79x0.60/2.12	1.54x0.50/1.30
250	10	0.37x0.45/0.12	0.70x0.45/0.25	1.08x0.55/0.71	1.60x0.65/1.83	1.35x0.55/1.11
	16	0.57x0.45/0.19	0.91x0.55/0.50	1.42x0.65/1.45	2.10x0.75/3.66	1.76x0.65/2.22
300	10	0.46x0.50/0.19	0.75x0.60/0.37	1.32x0.60/1.16	1.95x0.70/2.94	1.49x0.70/1.71
	16	0.61x0.60/0.25	1.12x0.60/0.83	1.75x0.70/2.36	2.40x0.90/5.71	1.98x0.80/3.46
350	10	0.54x0.55/0.27	0.89x0.65/0.57	1.42x0.75/1.67	2.13x0.85/4.25	1.76x0.75/2.56
	16	0.73x0.65/0.39	1.20x0.75/1.20	1.91x0.85/3.42	2.69x1.05/8.33	2.20x0.95/5.05
400	10	0.62x0.60/0.38	0.94x0.80/0.78	1.53x0.90/2.32	2.31x1.00/5.89	1.89x0.90/3.53
	16	0.85x0.70/0.56	1.39x0.80/1.71	2.08x1.00/4.75	2.85x1.30/11.63	2.41x1.10/7.03

Fuente: Saint Gobain–PAM Canalisation (16)

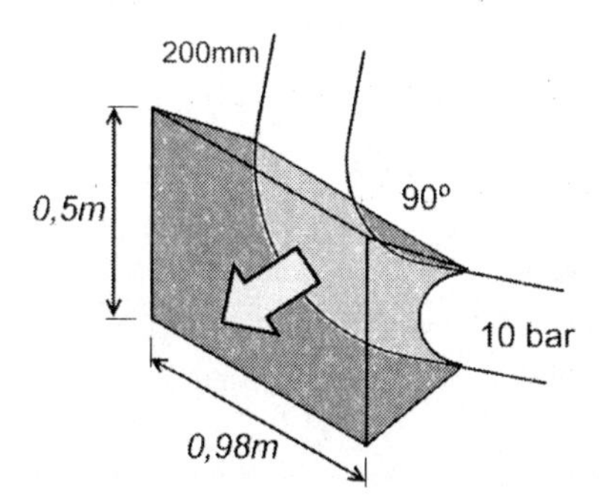

Por ejemplo, la lectura en las tablas de un bloque en suelo resistente para contener un codo de 90º y 200mm con una presión de 10 bares es:

0.98x0.50/0.54

Este bloque medirá 0,5m de alto, 0,98m de ancho y tendrá un volumen de 0,54m^3.

Consideraciones importantes

- La presión que se utiliza es la presión de prueba (Ver sección 8.7).
- En caso de diámetros intermedios, usa las dimensiones del bloque correspondiente al inmediatamente superior.

- En las Tes, el diámetro es el del brazo perpendicular. Si se trata de una Te de 100mm/150mm a 10 bares en grava, el brazo perpendicular tiene 150 mm de diámetro, la tabla recomienda 0.61x0.35/0.16, es decir, un bloque de 0,16m^3 de volumen, 0,61m de ancho y 0,35 de alto.
- Las reducciones se calculan restando las áreas correspondientes a Ciegos. Como altura se toma la menor y el ancho se calcula dividiendo el área resultante por el alto. Para una reducción de 150mm a 100mm en arena a 10 bares sería:

$$0{,}89\text{m} \times 0{,}35\text{m} = 0{,}31\ \text{m}^2$$
$$0{,}54\text{m} \times 0{,}3\text{m} = 0{,}16\ \text{m}^2$$
$$(0{,}31\ \text{m}^2 - 0{,}16\ \text{m}^2)/0{,}3\text{m} = 0{,}49\text{m de ancho}$$

Retención por gravedad

En el caso de un codo que termina una pendiente no hay terreno contra el que apoyar. Para hacer la retención, se recurre a un bloque que cuelga del codo. El peso del bloque debe ser superior a la componente vertical de la fuerza:

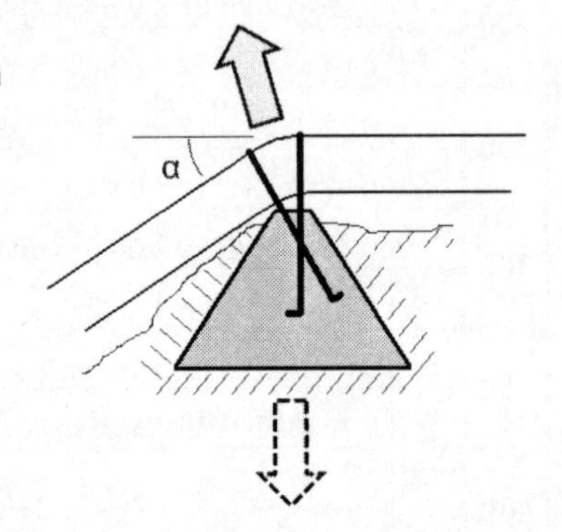

$$V = \frac{10.000 * C_s P * A * sen\alpha}{\gamma}$$

V, Volumen del bloque en m^3.
C_s, Coeficiente de seguridad, 1,5.
P, Presión en bares.
A, Area en m^2 ($A=3{,}14*d^2/4$) , d= diametro en m.
γ , peso especifico del hormigón en kg/m^3, aproximadamente 2400Kg/m^3.

Con los valores recomendados, la fórmula queda: $V = 6{,}25 * P * A * sen\alpha$

Para la componente horizontal, asegúrate que la superficie del bloque del lado de la pendiente es mayor que A*(1-cos α), donde A es el producto del ancho por el largo del codo correspondiente en las tablas de las páginas anteriores.

Ejemplo de cálculo:

Calcula un bloque gravitatorio para una tubería de 200mm ID por la que circulará agua a 10 bares de presión con ángulo de 30º en roca fracturada,

Componente vertical:

$V = 6{,}25 * P * A * \text{sen}\ \alpha$; $A = 3{,}14 * d^2/4 = 3{,}14 * 0{,}2^2/4 = 0{,}0314\ m^2$

$V = 6{,}25 * 10 * 0{,}0314 * 0{,}5 = 0{,}98\ m^3$

Componente horizontal:

Como no hay valor para 30°, se utiliza el ángulo inmediatamente superior, 45°. La lectura es 0.83x0.50/0.38.

$A = \text{ancho} * \text{alto} = 0{,}83 * 0{,}5 = 0{,}415$

$S > A*(1-\cos\alpha)$ → $S > 0{,}415\ (1 - 0{,}866)$ → $S > 0{,}055\ m^2$.

Para que el bloque de restricción sea un elemento de protección es muy importante que la tubería apoye la mayor superficie posible contra él. En caso contrario, se concentran las fuerzas en un punto y su efecto se vuelve contraproducente. Aunque en los dibujos por claridad muestran a veces apoyos puntuales, una vez construidos deben abrazar generosamente a la tubería:

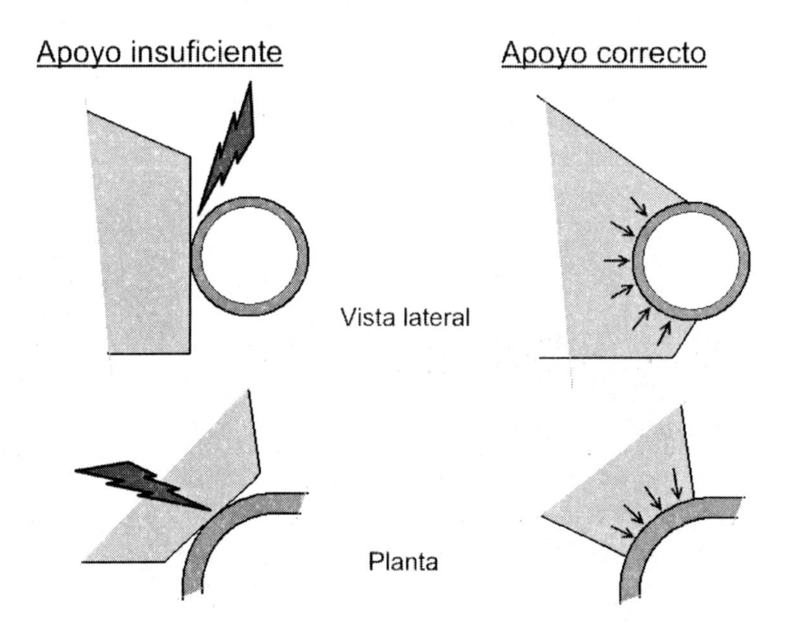

7. 4 GOLPE DE ARIETE

El ariete era una máquina de asedio que se usaba para destruir las fortificaciones. En el interior, los soldados movían el grueso tronco hacia atrás y luego lo estrellaban contra la puerta de la fortaleza.

Si el frenazo en seco del tronco contra la puerta le causaba grandes daños, imagínate lo que puede pasarle a una instalación si en lugar de algunos metros de tronco se detiene de golpe de varios kilómetros de columna de agua dentro de una tubería.

Evitando daños

El golpe de ariete sucede cuando se instalan accesorios que cortan el flujo muy rápidamente (grifos de cierre automático, válvulas de bola, válvulas de aire simples) o por la presencia de aire en el interior de las tuberías. La parada y arranque de bombas genera grandes golpes de ariete que no se consideran aquí por estar viendo distribución por gravedad.

Para evitar que el golpe de ariete dañe las instalaciones:

1. Intenta evitar que el trazado de la tubería tenga puntos altos entre dos subidas que favorezcan el acumulo de aire (desniveles de un metro ya permiten que el aire se acumule). Coloca válvulas de aire en los que no puedas evitar. En algunos puntos se puede evitar la válvula de aire colocando una fuente pública si se prevé consumo. El aire se evacuará cuando los usuarios abran el grifo.

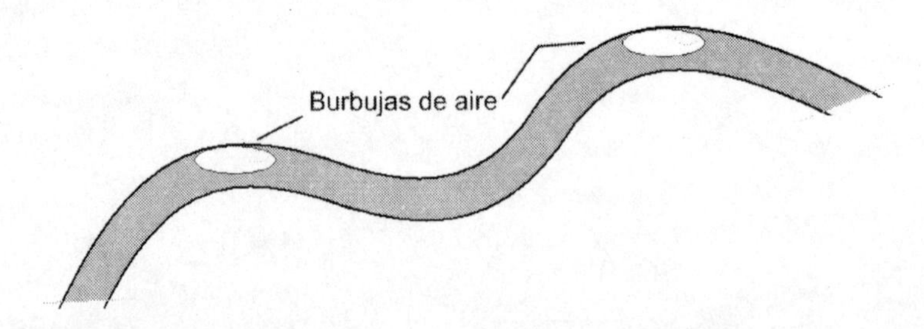

2. No instales válvulas que un operario pueda cerrar rápidamente. En lugar de válvulas de bola (izq.), usa válvulas de compuerta (dcha.) para tuberías de más de 50 mm.

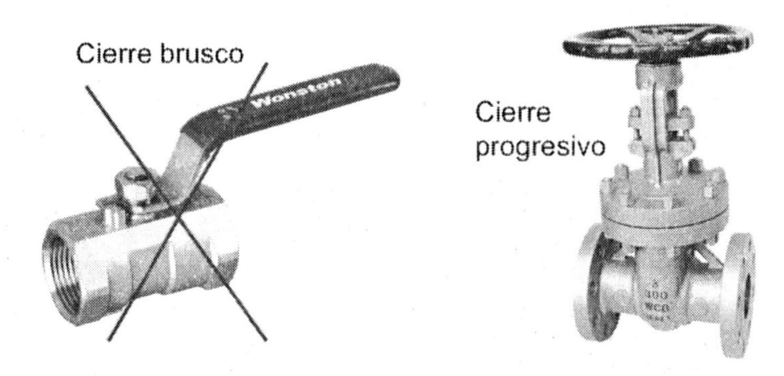

3. Evita en lo posible accesorios que cambien bruscamente la velocidad del agua, grifos de cierre automático, válvulas antirretorno o válvulas de aire.

4. Diseña para que las tuberías estén siempre llenas de agua. El vaciado y llenado de tuberías deja mucho aire residual que es difícil de eliminar.

5. Divide trayectos largos de tubería para disminuir la masa de agua que estará implicada en golpes de ariete. Esto también te permitirá determinar en qué tramos hay obstrucciones.

6. Calcúlalo para evitar sorpresas.

Calculando el Golpe de Ariete

Lo que interesa es conocer la sobrepresión que va a soportar la tubería, para comprobar que esta dentro de sus límites, y el empuje que va sufrir la estructura que sujete la tubería.

En primer lugar se calcula la celeridad, a. Para el agua, la fórmula es:

$$a = \sqrt{\frac{1}{1000 * \left(\frac{1}{\varepsilon} + \frac{D}{Eg}\right)}}$$

Donde:
- a : celeridad en m/s
- ε : Módulo de elasticidad del agua ($2,05 * 10^9$ Pa)
- D : Diámetro interior en metros[4]
- g : espesor de la tubería en metros[4]
- E : Módulo de elasticidad de la tubería: PVC=$3,3 * 10^9$ Pa
  HG= $207 * 10^9$ Pa
  PEAD= $0,8 * 10^9$ Pa

[4] Ver tablas de pérdida de carga en el apéndice B.

Si la parada es brusca, se usa la fórmula de Allievi: $\Delta H = a * \frac{\Delta V}{g}$

Donde: ΔV : Variación de velocidad, antes y después del ariete.
g : Gravedad (9.81 m/s^2).

Si la parada es gradual, se usa la fórmula de Michaud: $\Delta H = \frac{2L\Delta V}{gt}$

La parada es brusca si el tiempo de parada t cumple: $t < \frac{2L}{a}$

Para hacerte una idea del empuje que van a soportar tus instalaciones, puedes usar esta fórmula:

$F = P * A$ P, presión bar ; A, área en cm^2 ; F, fuerza en Kp.

Ejemplo de cálculo:

Calcula el golpe de ariete y la fuerza que sufre la válvula en una tubería de PEAD PN 10 bares 160 mm si el tramo de tubería tiene 200m, la tubería transporta 15,64 l/s, la presión a la que esta sometida la válvula es 5 bares, y la parada dura 1 segundo y 5 segundos respectivamente.

$$a = \sqrt{\frac{1}{1000 * (\frac{1}{\varepsilon} + \frac{D}{Eg})}}$$

$$= \sqrt{\frac{1}{1000 * (\frac{1}{2,05 * 10^9} + \frac{0,141}{0,8 * 10^9 * (0,16 - 0,141)/2})}} = 229,7 m/s$$

El tiempo a partir del cual se considera un cierre brusco es:

$$t < \frac{2L}{a} = \frac{2 * 200}{229,7} = 1,76 s$$

Para 1 segundo es un cierre brusco, se usa la fórmula de Allievi:

De las tablas de pérdida de carga se lee que para 15,64l/s la velocidad es 1m/s.

$$\Delta H = a * \frac{\Delta V}{g} \quad \Delta H = 229,7 m/s * \frac{(1 m/s - 0)}{9,81 m/s^2} \quad \Delta H = 22,97 m = 2.3 bar$$

La presión máxima registrada es 2,3 bar + 5 bar = 7,3 bar. La fuerza que soporta la estructura es:

A = 3.14*d^2/4 = 3.14 * 14.1^2/4 = 156cm^2 F = P * A = 7.3 bar * 156cm^2 = 1140 Kp

Para 5s, el cierre se considera un cierre gradual, se usa la fórmula de Michaud:

$$\Delta H = \frac{2L\Delta V}{gt} = \frac{2 * 200m * 1m/s}{9{,}81m/s^2 * 5s} = 8{,}15m$$

F= (0,815+5)bar*156cm^2 = 907 Kp

Un Kilopondio (Kp) es la fuerza con la que la gravedad estándar atrae un kilogramo de masa. Para visualizar la fuerza, puedes imaginarte que un empuje de 10 Kp es la fuerza que tendrías que hacer para sostener 10 kg.

7. 5 ANCLAJE EN PENDIENTES

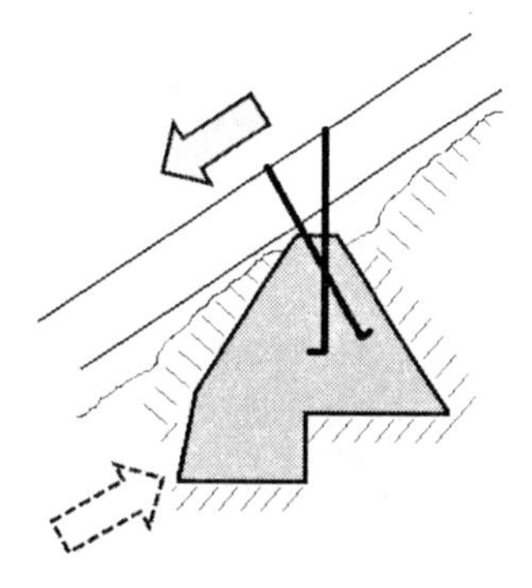

A medida que aumenta la inclinación, el peso de la tubería y el peso del agua tienden a hacer deslizar la tubería por la pendiente. Como norma general, no necesitarás anclajes si la pendiente es menor que un 25% en tuberías enterradas y un 20% en tuberías superficiales.

Roca sólida

Si no es posible excavar, la tubería deberá ir encima de la roca. Como las tuberías plásticas son más frágiles, el PVC incluso se degrada expuesto a la luz, se debe instalar tubería de hierro galvanizado. Si el clima es muy frío y hay riesgo de que el agua se congele durante la noche, se instala un sistema de doble tubería concéntrica. En este caso, la interior puede ser de plástico más aislante.

La roca se perfora y se introducen ganchos expansivos. Se sueldan retenciones en la tubería y se engloba en un bloque de hormigón. Se necesita un anclaje de estos cada longitud de tubería para permitir una apoyo correcto y que las uniones roscadas no sufran daños por flexión:

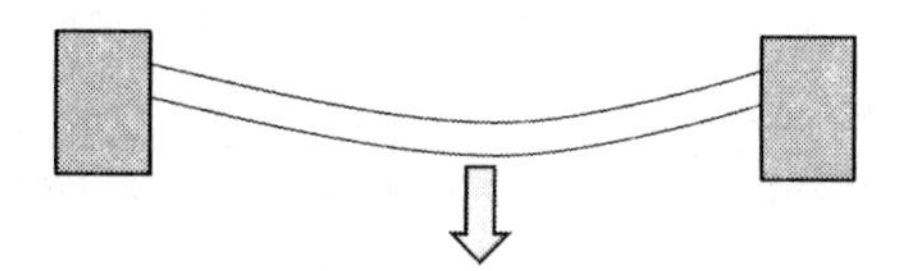

Otros suelos

Si es posible excavar, la solución más sencilla es buscar la roca madre y proceder como en el apartado anterior sin la necesidad de instalar un bloque por longitud de tubería ya que ésta puede apoyar en el fondo de la zanja.

Si no es posible excavar y no hay trazados alternativos, puedes utilizar una regla aproximada utilizada en los saltos hidroeléctricos:
Un bloque cada 30m, incrustando la tubería en 1 m^3 de hormigón por cada 300mm de diámetro. Si hay un codo menor a 45º, se duplica el volumen. Si el codo es de 45º o mayor, se triplica.

Esta regla es válida para tuberías relativamente pequeñas, las que utilizarás en la inmensa mayoría de los casos, y desniveles menores a 60m.

Ejemplo de cálculo:

El trazado de una tubería, de 200mm, sobre una pendiente del 36%, se muestra en el esquema. Determina los anclajes por pendiente necesarios:

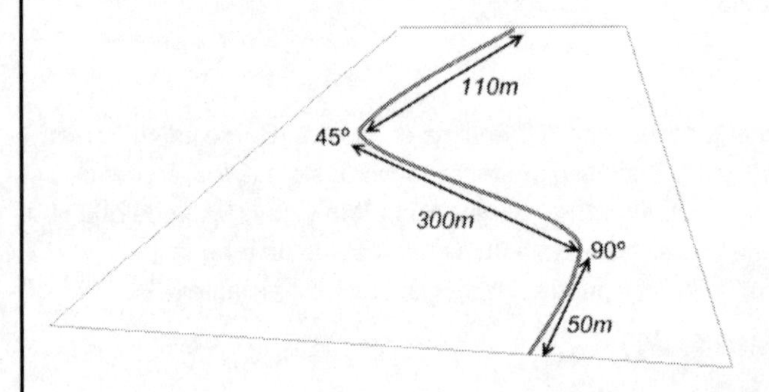

Al comienzo de la pendiente hace falta un anclaje gravitatorio. Los anclajes por la pendiente serán:

200mm * 1m^3 de hormigón/300mm tubería = 0,67m^3 por cada anclaje normal.

El codo de 45º necesita el doble de volumen: 0,67m^3* 2 = 1,33 m^3

El codo de 90º necesita el triple de volumen: 0,67m^3* 3 = 2 m^3

Siguiendo la longitud de la tubería, los anclajes necesarios son:

Longitud acum.	Volumen	Longitud acum.	Volumen
30m	0,67m^3	260m	0,67m^3
60m	0,67m^3	290m	0,67m^3
90m	0,67m^3	320m	0,67m^3
110m	1,33m^3	350m	0,67m^3
140m	0,67m^3	380m	0,67m^3
170m	0,67m	410m	2,00m^3
200m	0,67m^3	440m	0,67m^3
230m	0,67m^3		

8. Instalación de tuberías

8. 1 INTRODUCCION

La instalación correcta de las tuberías tiene un impacto enorme sobre la duración de las instalaciones, la necesidad de mantenimiento y las fugas. Pero también sobre la calidad del agua. En aquellos lugares donde la tubería esté dañada y el agua circule rápido la tubería aspirará los líquidos del medio y todo tipo de porquería soluble debido al efecto Venturi:

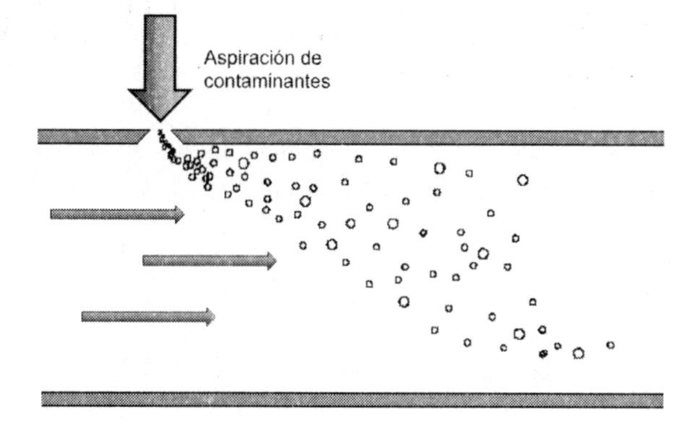

8. 2 CEREMONIAS

Las ceremonias de comienzo de las obras y de entrega son una de las herramientas más valiosas que tienes en tus manos. En primer lugar, porque le dan valor a la obra a los ojos de los usuarios y esto favorece el cuidado y mantenimiento. Pero también tienen otros efectos interesantes entre los trabajadores: rompen el hielo, crean sentimiento de equipo y de trascendencia por la participación en un proyecto importante…

Fig 8.2. Ceremonia de inicio de trabajos, Proja Jadid, Afganistán.

Si piensas que son un compromiso soporífero estás perdiendo una gran ocasión.

8. 3 EXCAVACION

Las tuberías se entierran para protegerlas mecánicamente, pero también de manipulaciones y del frío. La profundidad, medida desde la parte superior de la tubería, depende del caso:

1. En condiciones normales 1m.
2. Bajo tráfico rodado, 1,5m.
3. En zonas muy frías, por debajo del límite de congelación del suelo en invierno.
4. En zonas de habitación improbable, sin riesgo de congelación, tráfico etc, puedes ahorrar con una instalación más superficial, 0,5m.

La profundidad de la zanja a excavar es:

h = Profundidad de enterramiento + Diámetro de la tubería + 10 cm

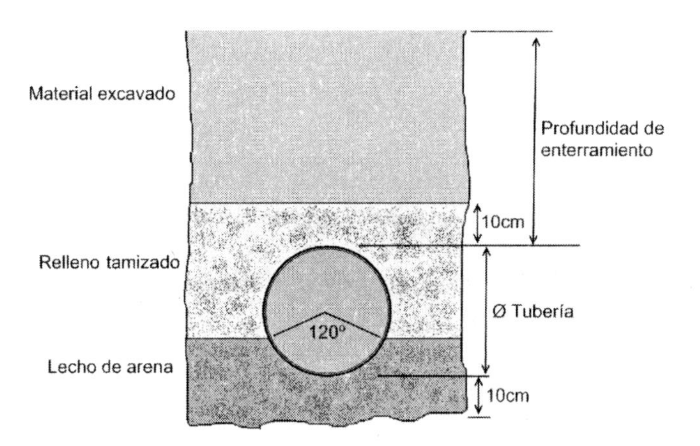

La anchura de la zanja es la mínima que permita trabajar. Dependerá de la cohesión del material en el que se excave, la corpulencia de los trabajadores, la profundidad y de la maquinaria que se utilice. En condiciones normales 80cm suele ser un buen compromiso entre comodidad y economía.

Presta atención a que la pendiente no tenga cambios bruscos no intencionales. Una manera de comprobarlo es cortar tres varas a la misma altura, una que le resulte cómoda a la persona que las vaya a usar. Si la pendiente es más o menos homogénea con cambios graduales, las tres varas se mantienen más o menos alineadas. Si hay un cambio brusco se desalinean:

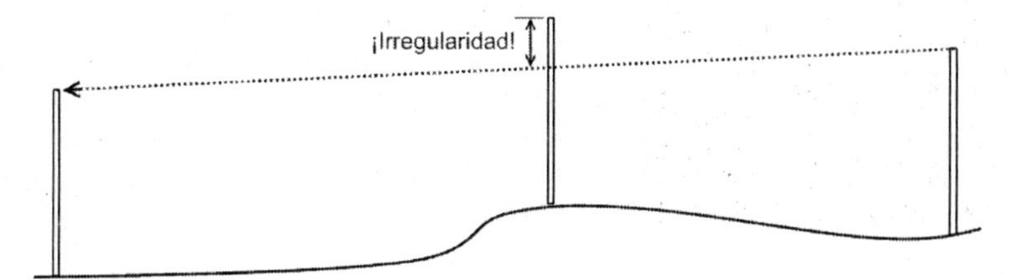

Precauciones:

1. **Protege la tierra excavada** con uñas y dientes. En muchas zonas, la tierra suelta es un bien codiciado y la tentación de no tener que cavar para obtenerla es demasiado fuerte. Si no prestas atención, acabarás comprando tu propia tierra sin tener el gasto presupuestado.

2. En **zanjas profundas o terrenos inestables** el riesgo de accidentes por colapso repentino es importante. Si prefieres no entibar, las zanjas deben tener **forma de V**.

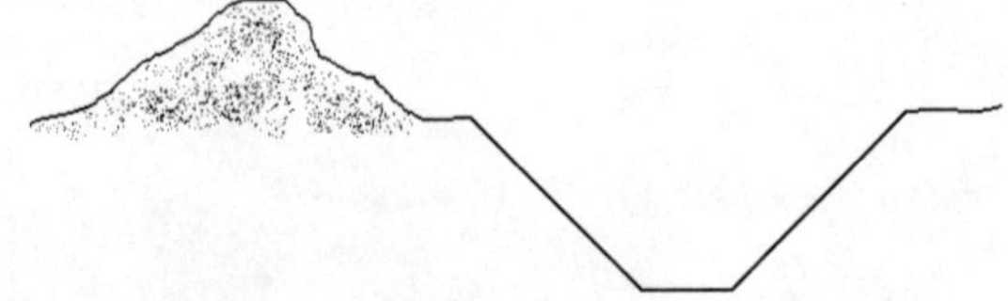

3. **No abras las zanjas demasiado pronto**. Si lo haces, además de la incomodidad causada a la comunidad, se llenarán de basura, perderán profundidad y se pueden inundar. También hay una cierta tendencia a confundirlas con zanjas y canales de desagüe. Espera a tener las tuberías antes de empezar las excavaciones. Demoras en la entrega pueden mantener las zanjas abiertas durante meses. Idealmente, el equipo de excavación y el de instalación deben trabajar coordinados, de manera que en cualquier momento sólo hay unos centenares de metros abiertos.

4. En zonas de poca cohesión social, en proceso de población y población desordenada, **mantén el recorrido secreto** y, sobretodo, no traces las rutas. En muchos lugares, la noticia de la instalación es una invitación a la construcción masiva. Las dificultades posteriores de construcción pueden ser importantes.

5. **Vigila el trayecto periódicamente** para poder negociar rápidamente cualquier construcción en la zona. Tener que demoler construcciones parciales en las que algunas personas han puesto su capital es problemático.

6. Durante la excavación, ten una **reserva de material de reparación** de tuberías, cables eléctricos, telefónicos y otras instalaciones que puedas dañar, para restaurar el servicio lo antes posible.

7. Si el trayecto pasa por zonas con trafico, ten planchas de metal para no parar el tráfico.

Potencial de inyección económico

El movimiento de tierra es una tarea que requiere mucha mano de obra. Puede ser una ocasión única para inyectar dinero en una zona económicamente deprimida o con gran paro. Cada metro de zanja corresponde aproximadamente con un jornal de trabajo. Además, la excavación con maquinaria es frecuentemente algo más cara y puede causar grandes demoras en lugares donde los repuestos no están rápidamente disponibles.

Dos precauciones importantes antes de embarcarse en un proyecto semejante son pagar salarios suficientemente bajos como para evitar competir con otras actividades (agricultura, educación...) y no realizarlas en épocas donde la comunidad necesita mucha mano de obra, por ejemplo, durante la cosecha.

8. 4 INSTALACION DE TUBERIAS

En la comunidad suele haber personas que conocen los pormenores de la instalación. Aquí sólo se tratará la instalación de tuberías de PEAD y algunos de los errores corrientes:

1. **Ignorar la contracción térmica**. Las tuberías se suelen instalar dilatadas por la temperatura. Si se instalan sin precauciones especiales, durante la noche se encogerán disminuyendo mucho el solapamiento o llegando incluso a desconectar algunas tuberías. En tuberías roscadas o de PEAD que no se pueden desconectar, se generarán tensiones que dañarán otras instalaciones.

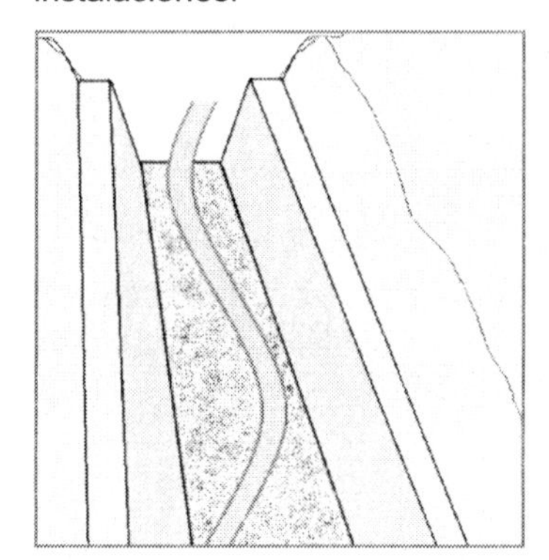

Para evitar sus efectos, se deben instalar tuberías en las horas frescas del día y colocarlas en “S”. Una forma de organizarse muy poco común por la carga extra sobre los trabajadores, es instalar tuberías por la mañana, cavar la zanja durante las horas de calor, y volver a instalar tuberías al atardecer.

2. **Exponer las tuberías de PVC al sol o al calor.** El resultado es que se deforman las tuberías. Instalar tuberías con forma de plátano es desesperante, a veces obligando a ampliar la zanja.

3. **Usar aceites tóxicos como lubricantes**. Usa aceites comestibles (maíz, palma...) y evita escrupulosamente los tóxicos (aceite de coche, grasa de engrasar...).

El proceso de soldadura a tope de PEAD se ve en el anexo F, por el interés que tiene como material de elección y por el relativo desconocimiento entre técnicos.

8. 5 RELLENO

Esta es una operación muy delicada. La mayoría de roturas prematuras o accidentales ocurren por no seguir estas instrucciones.

En primer lugar, elimina cualquier saliente o resto punzante de la zanja antes de empezar con el **lecho de arena**.

Piensa del lecho de arena como si fuera el embalaje de un aparato delicado. Proporciona una superficie homogénea y suave sobre la que acomodar la tubería. Una tubería llena de agua que apoye sobre una piedra se romperá rápidamente por concentrar todas las presiones en ese punto.

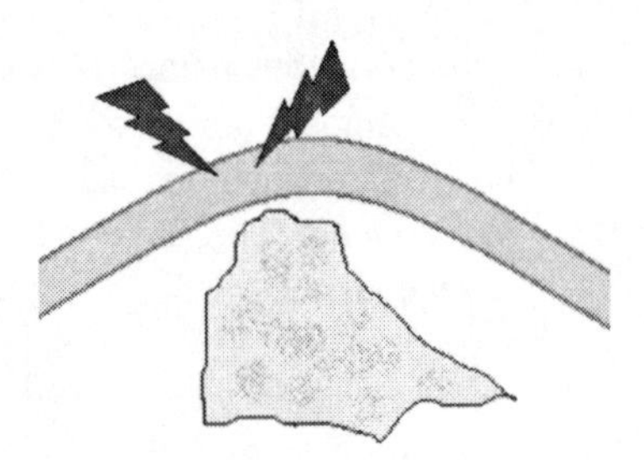

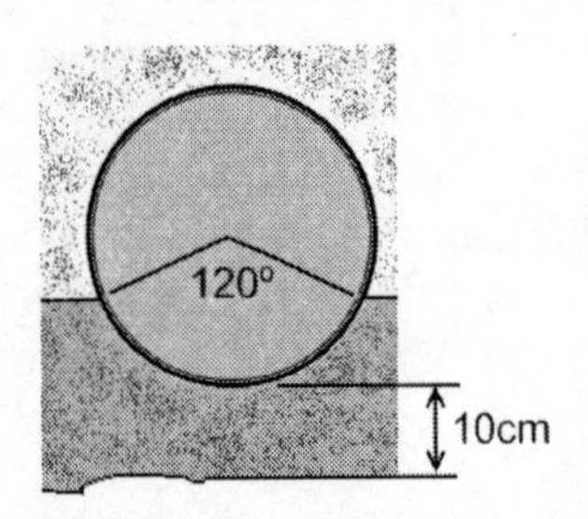

El grosor mínimo del lecho de arena es 10 cm. A partir de aquí, y según el diámetro de la tubería, debes rellenar hasta garantizar un ángulo de contacto de al menos 120º.

Posteriormente se rellena alrededor de la tubería hasta 10cm por encima de ella con **material excavado tamizado**, nuevamente para evitar objetos que pudieran dañar la tubería. El material tamizado se consigue haciendo pasar el material por una malla montada en un marco.

Después se cubre con una capa de **material original** de **15 cm** y se compacta. Una manera sencilla de compactar en ausencia de maquinaria es usar un bidón cilíndrico relleno con 100 litros de agua.

Sobre esta capa se tiende una **banda de señalización** de material plástico que avisa de la tubería evitando perforaciones involuntarias durante trabajos posteriores en la zona. A falta de una cinta con la advertencia legible, usa cinta de acordonar. La cinta adhesiva es demasiado común y frágil para llamar la atención.

A partir de aquí, se rellena y compacta por capas de 15cm hasta rellenar completamente la zanja.

En tuberías de PVC, hierro galvanizado y en uniones atornilladas, se dejan las uniones sin cubrir para poder inspeccionar visualmente que no hay fugas la primera vez que se introduce agua en la prueba de presión.

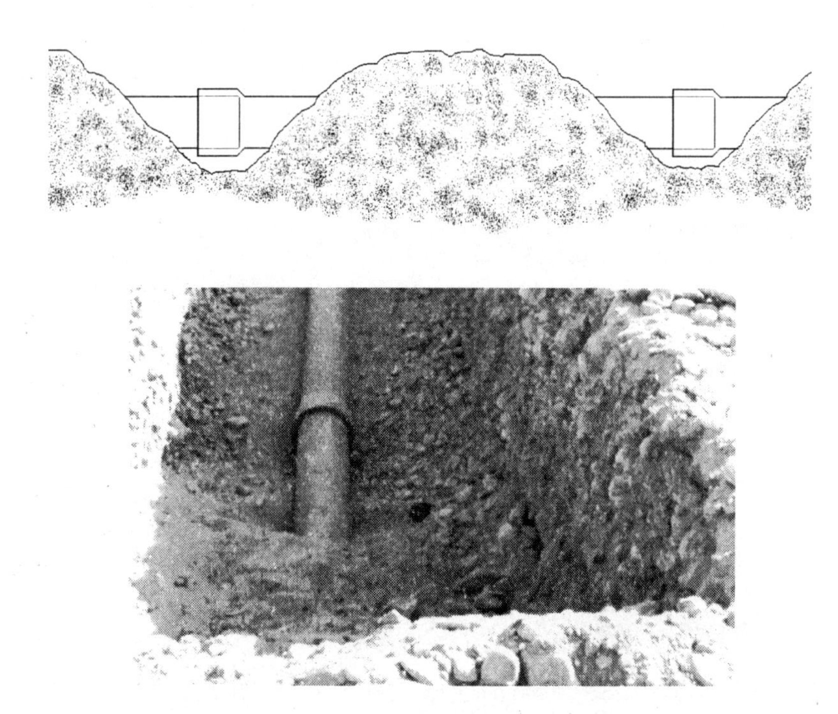

Observa en la imagen que el lecho de arena no es adecuado. En grava la arena se pierde rápidamente, por eso se te ha recomendado evitarla durante el trazado. Cuando no hay más remedio, se utiliza tubería de hierro, mucho más resistente.

Finalmente, **señaliza la tubería con mojones** allí donde no haya referencias claras: campo abierto, campos de cultivo, laderas inclinadas… En estos mojones se inscribe el diámetro, el material, y un pequeño esquema si se corresponde con una te o con un codo. La finalidad es poder encontrar la tubería fácilmente cuando se quiera repararla o ampliar la red existente.

Tuberías metálicas y corrosión

Frecuentemente se utilizan pequeñas tuberías de hierro galvanizado en suelos muy corrosivos. En estos suelos, las tuberías plásticas son el material a instalar. Observa en la imagen como la corrosión ha roto la brida de conexión de una casa tan sólo 5 años después de la instalación.

A falta de un estudio del suelo, los puntos más problemáticos son:

- Puntos bajos del relieve por ser más húmedos.
- Cursos de agua, áreas húmedas…
- Charcos, pantanos, lagos, zonas de turba y otros, ricos en ácidos orgánicos, bacterias, etc.
- Estuarios, marismas y terrenos salinos situados a orillas del mar.

Cualquier suelo con pH inferior a 5,5 es potencialmente muy corrosivo. Las arcillas suponen un riesgo moderado y los yesos y suelos orgánicos son altamente corrosivos.

Nunca instales tuberías metálicas en contacto o en la cercanía de otros metales. La presencia de un metal distinto puede originar corrientes entre ellos y llevar a una corrosión galvánica muy rápida.

Si no se pueden sustituir tuberías metálicas por alguna razón, se pueden proteger con mangas de polietileno, con ánodos de sacrificio o con protección catódica.
No subestimes la corrosión. Hasta el 5% del producto interior bruto de un país se utiliza para luchar contra la corrosión. Si tienes en cuenta la famosa campaña del 0,7%, te darás cuenta que en muchos sitios este dinero no estaría disponible.

8. 6 PASOS COMPLICADOS

En ciertos lugares se necesita un cuidado especial a la hora de instalar tuberías. Estos son algunos de ellos:

Bajo tráfico pesado

Por una parte la presión de los vehículos puede romper la tubería y por otro lado una fuga en este lugar puede causar un socavón. Para evitarlo, coloca la tubería a una profundidad de 1,5m en el interior de una tubería de hierro algo mayor. Esta funda de hierro se extiende hasta que sobresalga 5m por cada lado del tramo con tráfico. La tubería exterior protege a la interior de la presión de los vehículos y evacua hacia los lados cualquier fuga. Algunos animales, como elefantes, búfalos, jirafas etc., pueden causar estragos parecidos a los de los vehículos.

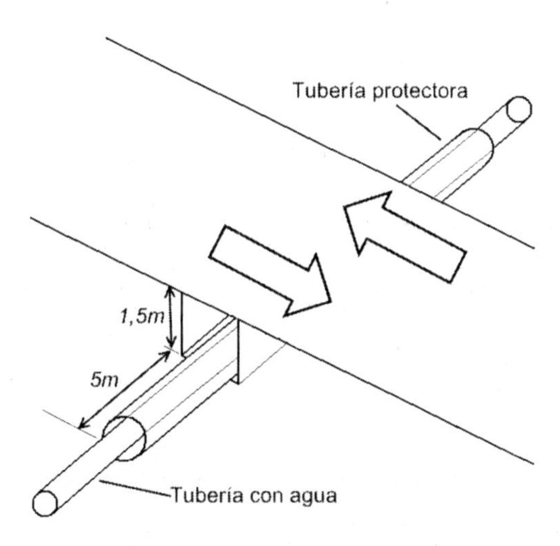

Profundidad insuficiente

En algunos lugares, la roca madre, el nivel freático o la presencia de otras estructuras impide una profundidad suficiente para el paso de tráfico o animales pesados. En esos casos se protege la tubería con una losa de hormigón armado de 10 cm que apoya sobre terreno sin alterar. La distancia entre la tubería y la losa debe ser suficiente como para permitir romperla sin dañar la tubería.

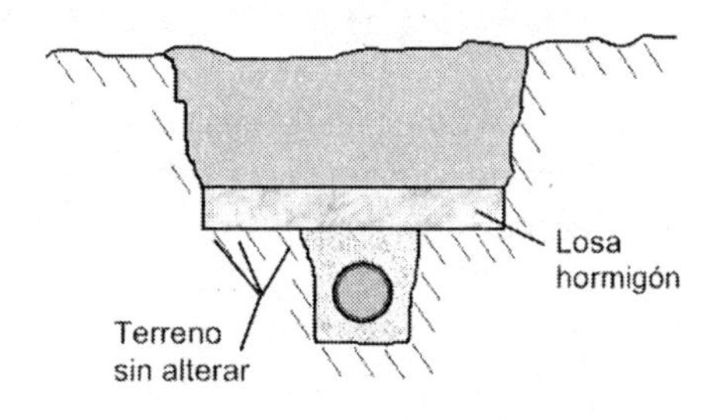

Paso en voladizo

Torrenteras y arroyos poco anchos se pueden pasar con una longitud de tubería de hierro galvanizado en voladizo. No puede haber uniones por lo que permitiendo un metro de margen de apoyo a cada lado la longitud máxima es 6m. En caso de que se prevea erosión en los laterales se instalarían gaviones.

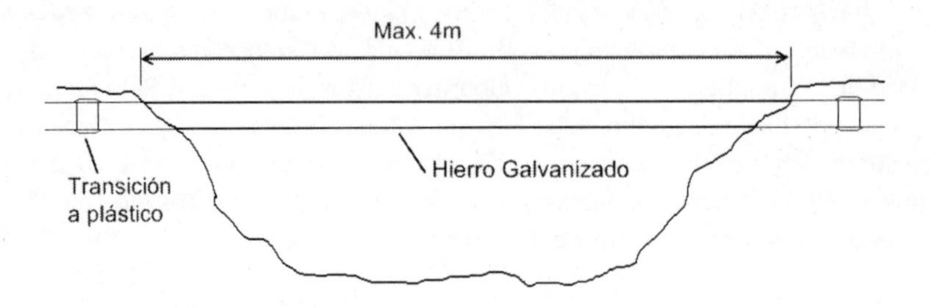

Pasos mayores requieren la presencia de apoyos centrales o de cables tensores. Observa como en este puente, se han utilizado 2 tuberías sin apoyo, dejando una unión atornillada en el medio. A pesar de que esta unión es más fuerte que la roscada, el resultado es que se ha curvado sustancialmente la tubería y que la instalación esta bajo tensión:

Una forma de hacer un apoyo en aguas poco profundas es el pilar dambo. Consiste en una loseta cuadrada de 15 cm de espesor y 1,3 metros de lado sobre la que se ha incorporado en el momento del fraguado un barril de pétroleo. A este se le ha soldado un segundo. En la zona donde se va el colocar el pilar se coloca una capa de piedras de 20 cm que servirá de cimentación. Encima se coloca la loseta, que distribuye la carga evitando asentamientos irregulares. Los barriles permiten introducir cemento y que este fragüe sin interferencia del agua.

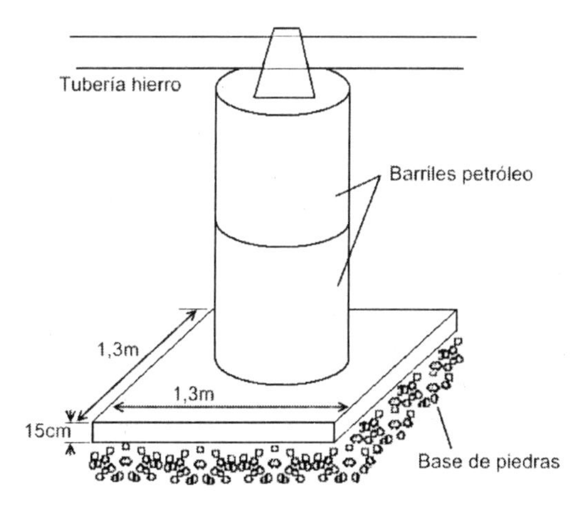

Ríos

Si existe un puente, lo más sencillo es pasar la tubería unida al puente mediante bridas como en la imagen. Es importante que estas bridas estén como mínimo cada 6m. Todas las tuberías a la intemperie deben ser de hierro galvanizado. Las tuberías plásticas se degradan y deterioran en poco tiempo. Observa cómo se han desprendido en la imagen:

Si no hay puente puedes elegir entre pasarla en voladizo unida a un cable o sumergirla. Los detalles sobre pasos unidos a un cable los puedes encontrar en el anexo E la referencia 12.

Para pasos sumergidos usa PEAD. Un cable de acero de 8 mm sirve de guía. Cada 6 metros se fija la tubería a un lastre con una brida. Cada lastre va compensado con un flotador. Al tirar del cable desde la orilla contraria se va introduciendo la tubería flotando en el río. Una vez colocada en una posición adecuada, se liberan los flotadores y los lastres anclan la tubería al fondo.

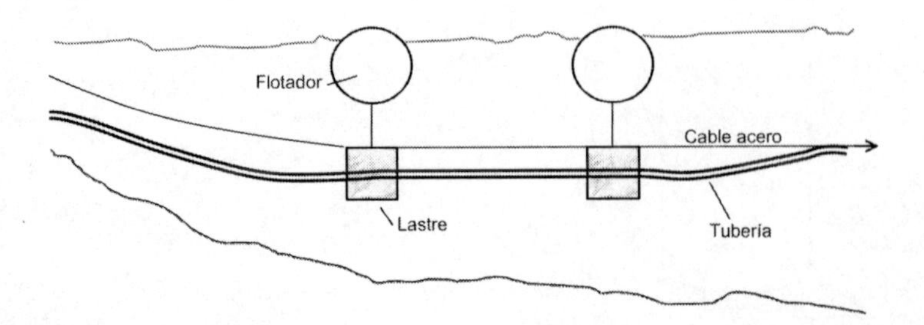

Si se usan barriles de petróleo de 200l como flotador, un lastre de hormigón cúbico de 40 cm de lado es adecuado.

Zonas contaminadas

Zonas de letrinas y basuras son muy peligrosas por la potencial aspiración de sus líquidos. Instala PEAD en estas zonas. Si no es posible, protege las uniones sellándolas con mangas de polietileno o con bloques de arcilla.

8. 7 PRUEBA DE PRESIÓN

La prueba de presión de un tramo de tuberías es una prueba en la que se somete a las tuberías a una presión algo superior a la de funcionamiento durante un tiempo determinado. El objetivo es detectar defectos de instalación y fugas.

El proceso de prueba está meticulosamente descrito en términos de tiempos, presiones, longitudes... Sin embargo, en el terreno es raro que se puedan hacer las cosas tan precisas debido a la carencia o mal estado del material y la falta de control de las condiciones. Así, cuando se intenta hacer una prueba con todo rigor se acaba perdiendo el tiempo intentando averiguar si los aparatos de medida están mal puestos, la tubería se dilató con el sol o si hay algo que está roto.

Como esta prueba es muy valiosa para detectar defectos, aun si no se miden centésimas de bar a exactamente 10ºC, utiliza este proceso simplificado:

1. Selecciona tramos inferiores a 500m.

2. Con todos los bloques de restricción correctamente instalados y la tubería enterrada parcialmente dejando al descubierto las uniones, tapa un extremo y llena la tubería con agua permitiendo que el aire se escape. El hormigón

de los bloques de restricción debe tener al menos 7 días de fraguado para haber endurecido lo suficiente.

3. Tapa el otro extremo con la tapa especial del aparato para presurizar. Aumenta la presión hasta 1,5 veces la presión de trabajo o hasta el 80% de la presión nominal de la tubería. Mantén la presión al menos una hora.

4. Inspecciona visualmente las uniones para detectar fugas.

Evita la tentación de ignorar las pruebas de presión. Pocas cosas desesperan más al personal de un proyecto que haber estado trabajando varios meses y que toda el agua se pierde antes de llegar a su destino. Esto te permitirá detectar errores tan humanos como instalar las juntas de las tuberías de PVC al revés, antes de que saboteen todo el proyecto.

8. 8 DESINFECCIÓN DE LOS TRABAJOS

Durante la instalación, las tuberías han estado en contacto con el suelo, restos de obra y tienen los restos de aceite o jabón utilizados para las uniones. Después de cualquier nueva instalación o reparación hay que desinfectar la red. El proceso es el siguiente:

1. Deja correr el agua en las tuberías durante varias horas para limpiar los restos de materia orgánica que pudiera haber.

2. Alimenta la red con una solución de al menos 50 mg/l de cloro hasta medir esa concentración en el punto más lejano.

3. Mantén el agua en la tubería durante 3 horas. Al cabo de 3 horas comprueba que la cantidad de cloro es todavía importante (mayor a 25 mg/l)

4. Deja correr el agua en la tubería hasta eliminar todo el exceso de cloro.

Para el agua 1 mg/l y una ppm (parte por millón) es la misma cosa. Para preparar estas disoluciones puedes utilizar cloro HTH o lejía siempre que sea apta para la desinfección de agua.

Preparando las disoluciones

Si partes de cloro en gránulos, HTH, la concentración es de aproximadamente un 70%. Es decir, 1kg de producto contiene 0,7 kg de cloro. Para obtener una disolución de 100 mg/l necesitas:

$$X = 100/0,7 = 0,143 \text{ g/litro disolución}$$

Si cloras desde un depósito es sencillo. Por ejemplo, si tiene 100 m^3 debes mezclar:

100.000 l * 0,143g/l = 14.300 g o 14,3 kg de producto.

A efectos prácticos, es más sencillo diluir estos 14.3kg en un recipiente de unos 100 litros y luego verter este recipiente al depósito, que intentar removerlo en el interior del depósito. Una cuchara sopera tiene aproximadamente 14 gr, es decir, 10gr de cloro real si el producto es HTH.

La concentración de cloro en la lejía esta entre el 25 y 35%. En el caso del depósito:

X = 100/0,25 = 0,400 g/litro disolución

100.000 l * 0,400g/l = 40.000 g o 40 kg de producto (aprox. 40 litros)

Un mililitro contiene aproximadamente 20 gotas.

Precauciones

El cloro es un producto muy irritante. Se debe manipular con protección. Algunas de las disoluciones que se preparan, como la previa a la cloración del tanque, son muy concentradas. No almacenes ni mezcles cloro en botellas que se puedan confundir con bebidas.

El cloro es un oxidante muy fuerte. Si se almacena con otros aparatos, especialmente metales, los daños pueden ser importantes. Observa los daños en una planta depuradora portátil en la que se almacenó un recipiente de 5 kg durante una semana. Los almacenes de cloro deben estar separados.

9. Tuberías y accesorios

9. 1 INTRODUCCION

Los sistemas de abastecimiento de agua se hacen con materiales. La selección del material adquiere una importancia grande en el día a día de un proyecto. Algunos principios generales, discutibles en casos particulares, pueden ser:

- **Utilizar materiales accesibles**. No necesariamente locales, simplemente accesibles.

- **Utilizar materiales y tecnología conocida** localmente o introducida con la formación necesaria. A veces, un proyecto es una oportunidad única para introducir tecnología superior. Frecuentemente, introducir una tecnología en un aula lleva al fracaso porque permite al individuo la decisión sobre si quiere aprender o no y quiere aplicar la técnica antes de haberse familiarizado con ella. La mayoría de adultos no aprecian sentarse en una clase "como niños" con una relación de inferioridad respecto al profesor. En una obra, en vivo contraste, el individuo está pagado para aplicar esa técnica y reconocido como profesional. Este contexto le permite desarrollar la curiosidad por la técnica y verla como una posible ventaja laboral.

- **No utilizar piezas únicas muy caras**. Cuanto más caro es un componente menos probabilidades hay de que se reemplace. Si muchos sistemas se dejan de utilizar porque no se puede costear otro generador u otra bomba... ¿acaso se van a reemplazar accesorios de funcionamiento menos evidente como una válvula reductora de presión?

Una excepción clara a alguna de estas reglas es el empleo de tuberías PEAD, en mi opinión, el material de elección.

Logística

La logística de estos materiales es vital. Pocas cosas pueden retrasar o hacer fracasar una obra como recibir una partida de material inadecuado. En el caso de las tuberías es muy delicado porque pueden generar gastos de transporte grandes.

Calidad

Hay materiales con los que no se puede hacer nada. En muchos lugares, la persona que te provee de material no es un profesional de ellos, y frecuentemente los compra como podría estar comprando orinales de plástico o vitaminas para camellos. Para mejorar su margen de beneficio irá a comprar material muy barato sin comprender las consecuencias y puede acabar con partidas defectuosas y descartes o material desinstalado. Es muy difícil negociar la devolución de este material si supone su ruina.

Organiza inspecciones del material antes de realizar cualquier pago y obtén muestras (por ejemplo, trozos de tubería) de la calidad negociada. Inspecciona el material antes de que salga de su destino para evitar tener que asumir gastos de transporte de las devoluciones.

9. 2 TUBERIAS

Las tuberías son el componente fundamental del proyecto. Aquí se mencionarán sólo PVC, PEAD (polietileno de alta densidad) y HG (hierro galvanizado). Otras tuberías, como fundición dúctil, asbesto, cemento, no se mencionan por la falta de aplicación clara en este contexto.

PVC (PVC pipe)

Es la tubería más popular por su bajo precio, facilidad de instalación y por estar universalmente disponible. Se fabrica en casi todos los diámetros, desde los más pequeños a los más grandes.

Ventajas:

- Bajo precio. Frecuentemente es la tubería más barata.
- Disponibilidad universal.
- Es inerte. No reacciona con el cloro ni con la mayoría de compuestos químicos. No se corroe.
- Experiencia previa. Los conocimientos y pericia necesarios para la instalación están disponibles en la inmensa mayoría de los casos.
- Ligereza. No se necesitan grúas incluso en los diámetros más grandes. Ideales para lugares de difícil acceso, las tuberías se pueden transportar descargar y manipular por personas:

Inconvenientes:

- Fotosensible. Se degradan si están expuestas al sol.
- Quebradizo a baja temperatura.
- Mantenimiento frecuente. Es una tubería con baja resistencia mecánica y con conexiones mejorables.
- Tendencia a la rotura en caña. En este tipo de fractura la tubería se abre desde un extremo a otro. La fuga resultante es enorme.
- Rápida disminución de la resistencia a la presión con la temperatura. A 43ºC, expuesta al sol, la resistencia es la mitad.
- Toxicidad a largo plazo.
- Unión a accesorios mediante adaptadores.

Tipos de unión:

Encolada (socket-spigot). La tubería tiene una parte ensanchada y una normal. La parte normal se recubre de cola especial para PVC y se introduce en la ensanchada.

Roscada (Threaded). No es frecuente. Se utiliza en diámetros pequeños para hacer la transición a otro material, generalmente HG. En diámetros grandes se utiliza para unir secciones en el entibado de un sondeo.

Junta elástica (z-joint). Es la unión típica de tuberías mayores de 50mm. Lleva una junta de goma que es importante colocar en el sentido adecuado para que el empuje del agua fuerce la lengüeta de la junta contra la pared de la tubería sellando la unión.

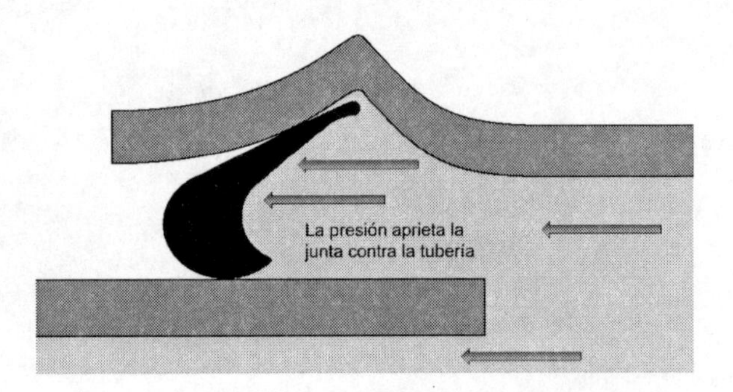

Brida (flange). No es una unión frecuente de tubería con tubería. Se utiliza para hacer la transición entre PVC y metal, o PVC y accesorio. Se debe prestar atención a que la posición de los taladros de ambas piezas sean la misma. En la parte atornillada se coloca una junta.

En todas las uniones en las que una tubería se introduzca en otra, presta atención al sentido de la circulación del agua. Un sentido en el que el agua baja *escalones produce* menos fricción.

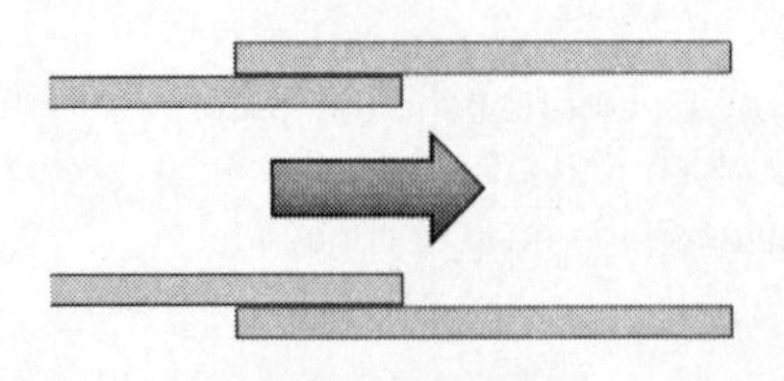

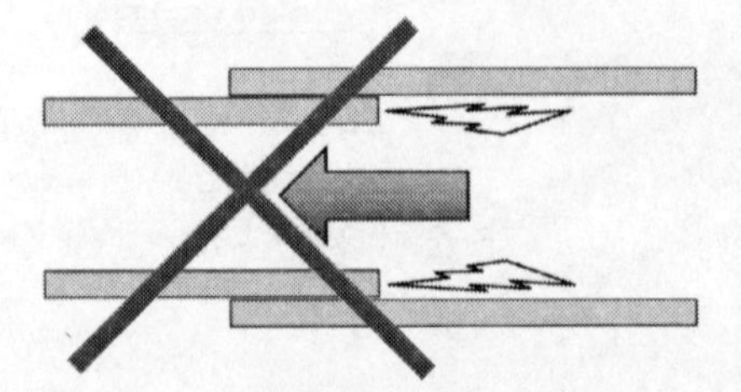

Fig. 9.2. Unión elástica en PVC. El flujo va de izquierda a derecha (→) .

HG (GI pipe)

El hierro galvanizado es la opción cuando hay que instalar las tuberías a la intemperie. Son muy populares en instalaciones pequeñas y en las interiores de edificios.

Fig. 9.2. Paso de una placa de roca con HG. La unión queda dentro del bloque.

Ventajas:

- Solidez mecánica.
- Estable frente a la luz solar.
- Disponibilidad universal.
- Conexión directa a accesorios.
- Soldable. Aunque pierde gran parte de la protección contra la corrosión, se pueden soldar accesorios, cortar y soldar codos a casi cualquier ángulo, soldar anclajes...
- Unión con el hormigón. Es la tubería a utilizar para atravesar paredes de hormigón en depósitos y otros componentes. Para ello, hace falta un espesor de pared de al menos 30cm.

Inconvenientes:

- Sufre corrosión.
- Mayor precio.
- No son inertes. Consumen cloro y reaccionan con el agua.
- Tienen tendencia a sufrir fugas.
- La unión roscada se vuelve poco práctica en diámetros mayores de 150mm.
- Las herramientas necesarias para cortarla, hacer roscas y unirlas son caras a partir de ciertos diámetros.

Tipos de unión:

Roscada (threaded). Las tuberías terminan en rosca en ambos extremos y se unen utilizando anillos roscados .

La unión se debe realizar enrollando cinta de teflón en pequeños diámetros y tejido de fibras naturales en los mayores entre las partes para la estanqueidad. Si la utilización de las herramientas de prensión no es adecuada, se llenan de dentelladas y rasgaduras.

Bridas (flanged). Las tuberías se atornillan entre sí comprimiendo una junta entre ellas. Es una unión muy resistente.

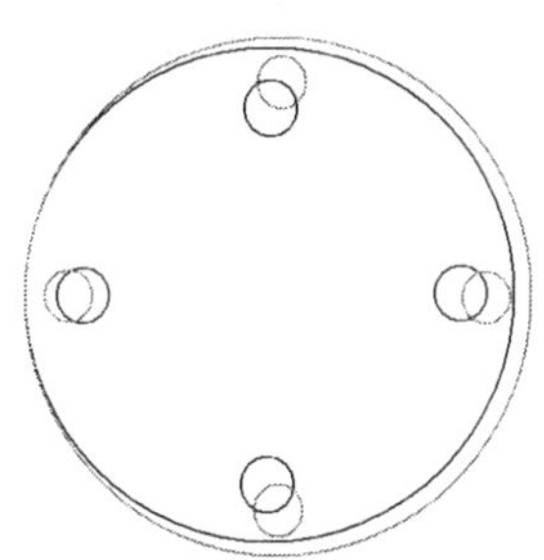

En esta unión, es vital que compruebes que los estándares entre los accesorios y tuberías a unir son el mismo. Usar dos distintos hace que las perforaciones donde van los tornillos se desalineen impidiendo la union. El grosor de la brida y la dureza del material hace virtualmente imposible taladrar agujeros nuevos.

Unión. Cuando las tuberías están roscadas los sistemas se vuelven rápidamente imposibles de construir. En una te, por ejemplo, habría que rotar toda la instalación para poder montar la tubería. Además, una avería en un punto requeriría desmontar toda la instalación hasta ese punto. La colocación de uniones está marcada con flechas.

Para permitir el montaje y desmontaje se colocan uniones en todos los puntos críticos. Consiste en dos casquillos con rosca exterior que se enroscan en cada uno de los extremos de la tubería. Al enfrentar las tuberías con los casquillos, el anillo exterior se puede roscar en la rosca exterior de ambos casquilllos.

PEAD (HDPE pipe)

El polietileno es, en mi opinión, el material de elección. Es inerte, barato, resistente mecánicamente y las uniones son tan estancas que incluso se utiliza para transportar gas. Además, los diámetros de hasta 90mm vienen en rollos de decenas hasta centenares de metros, lo que facilita enormemente la instalación y permite algunas aplicaciones especiales, como instalar tubería bajo el agua.

Consulta el Anexo D para detalles sobre peso y metros por rollo.

Ventajas:

- Estanqueidad casi total.
- Disponible en rollos de muchos metros.
- Inerte y no se corroe.
- Resistencia mecánica. La unión es más resistente que el material de la tuberías. Al someter tuberías soldadas a un ensayo de tracción suele romperse la tubería antes que la unión.
- Gran ligereza.
- Bajo costo. En países productores de petróleo puede ser sorprendentemente barato.
- Necesita menos accesorios para tomar curvas.

Inconvenientes:

- Tecnología frecuentemente desconocida, aunque se aprende rápidamente.
- Lentitud en instalaciones de tuberías que vienen en rollos por los tiempos de reposo.
- Unión a accesorios mediante adaptadores.
- Inversión inicial en una máquina de soldadura.

Tipos de unión:

Electrofusión. Los accesorios tienen dos electrodos. Para unirlos, la corriente que pasa por los accesorios calienta el PEAD hasta fundirlo. Es una opción poco recomendada en cooperación por el precio de los accesorios y el gran costo y sensibilidad de la máquina necesaria.

Fusión a tope (Butt fusion). En esta unión se utiliza una máquina mucho más barata y robusta. Los modelos más básicos están disponibles a partir de los 3000 €. Consiste en calentar los extremos de cada tubería hasta que se funden y luego presionarlos juntos (ver Anexo F). La unión resultante no tiene transición. El material es continuo a través de las uniones como puedes ver en la imagen de la derecha, que representa un corte longitudinal de una unión:

Compresión (Compression). Permiten unir accesorios sin máquinas. En el caso de que la máquina se averiara la población tendría una alternativa. Es el sistema de tendido de tuberías más rápido y de elección en intervenciones de urgencia. Sin embargo, tienen una tendencia grande a tener fugas entre los accesorios. Salvo en una urgencia, no utilices este tipo de accesorios pudiendo utilizar una máquina.

Logística y calidad en tuberías

Para pedir una tubería se deben mencionar 5 parámetros: material, diámetro, presión nominal, tipo de unión y presentación. Por ejemplo:

Tubería de hierro galvanizado, 25mm, 25 bar, unión roscada y en piezas de 6m.
Tubería de PEAD, 110mm, 10 bar, soldadura a tope y en rollos de 50m.

- Por las dificultades de almacenamiento, los fabricantes suelen hacer las tuberías a demanda y tienen muy poco material almacenado. Es frecuente que la lista de espera sea de algunos meses. Pide las tuberías tan pronto como tengas el diseño terminado.

- Las tuberías miden exactamente 6m. Por muy poco, no puedes cerrar la puerta de un contenedor de 20 pies. Por eso para almacenarlas en el lugar de la obra necesitas un contenedor de 40 pies.

- No olvides pedir las juntas y los tornillos, tuercas y arandelas que vayas a necesitar según tu unión.

En cuanto a la calidad:

- Las tuberías de plástico deben ser de color uniforme, sin estrías claras que indican que se ha estirado el material en frío. Si quieres hacerte una idea qué pinta tienen, dobla una lámina de plástico o estira una bolsa de color oscuro.

- Sin defectos superficiales. En PVC es típica la presencia de ondulaciones o burbujas.

- Sin alteraciones en la forma. Las tuberías en forma de plátano son muy difíciles de instalar. Presta especial atención a que los extremos no estén deformados y sean regulares, lo que va a permitir la unión. A veces los extremos son elípticos lo que hace casi imposible la unión.

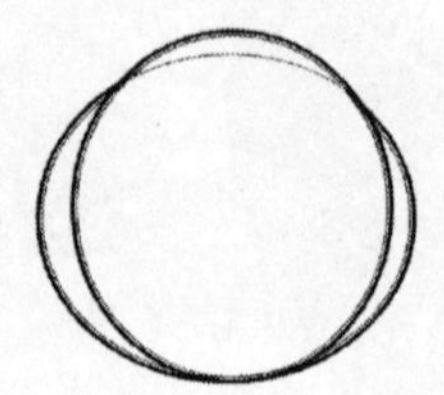

- Las tuberías de hierro deben tener las roscas sin dañar, no estar oxidadas y no tener marcas de bocados de herramientas.

- En las tuberías de PEAD en rollos, observa que no se han doblado más allá de su curvatura máxima. Cuando lo hacen dejan una muesca.

9. 3 ACCESORIOS BASICOS

Obviando los obvios: codos, tes, etc:

Accesorios de unión entre tuberías distintas

Todos tienen más o menos el mismo sistema. La compresión de una goma entre dos bridas hace que se extienda hasta tocar con la tubería sellando la unión:

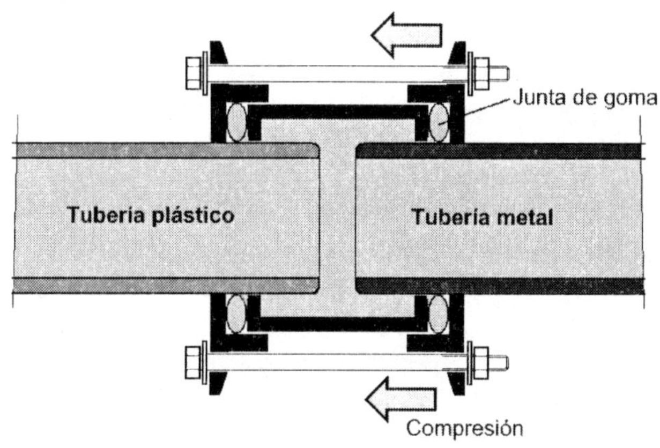

Este sistema permite unir tuberías con diferentes diámetros exteriores, generalmente plástico y metal para añadir un accesorio (válvula en la imagen derecha).

Se llaman Gibaults o Couplings. Es muy importante especificar la tolerancia, es decir, entre que diámetro máximo y mínimo se puede adaptar el accesorio a una tubería.

Válvula antirretorno (Check valve)

Sirve para limitar el flujo en una sola dirección, mediante una compuerta o un mecanismo con muelle. Se identifican claramente porque llevan una flecha de la dirección en la que permiten el flujo. El único otro accesorio que lleva esta flecha son los contadores. En la imagen, la válvula antirretorno en la boca de un sondeo impide el reflujo una vez que la bomba se ha detenido.

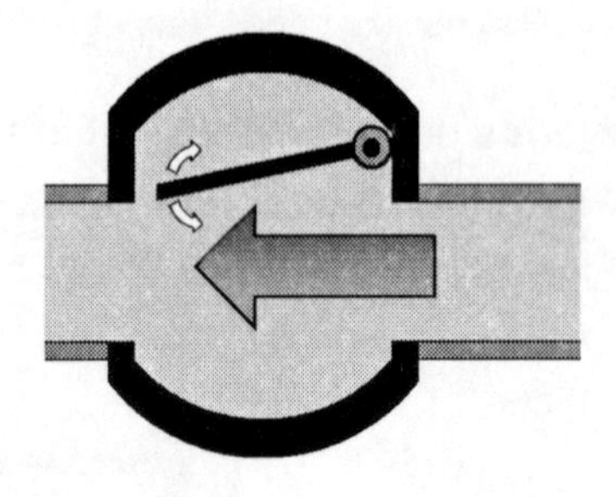

Válvula de compuerta (Gate valve)

Consiste en un disco perpendicular al flujo que se sube o se baja mediante un volante unido a un tornillo. Sirven para cortar el flujo y normalmente están abiertas o cerradas completamente. No se pueden cerrar repentinamente lo que contribuye a evitar el golpe de ariete. Es importante pensar la red de manera que se pueden aislar partes siempre que haya una avería y limitar la cantidad de agua que escaparía. Un tramo de sólo 1km de tubería de 200mm ya contiene 125.000 litros.
Según en que lugares una avería puede inundar una zona e impedir la reparación. Colocar válvulas cada 500m ayuda a localizar obstrucciones en las tuberías ahorrando mucho tiempo. Localizar una obstrucción en un trayecto homogéneo de 6km puede ser desesperante.

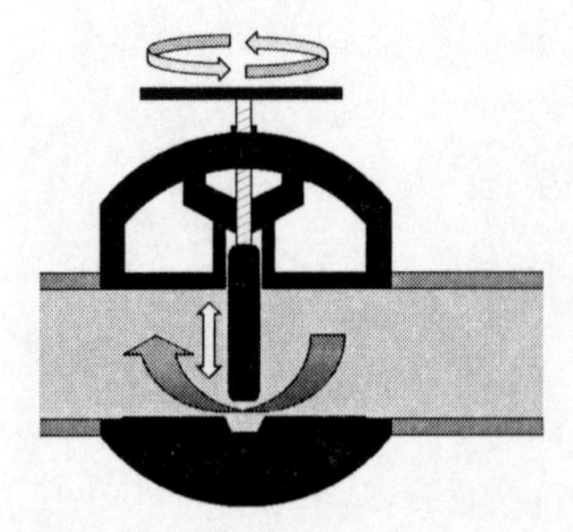

Válvula de bola (Ball valve)

Consiste en una bola colocada en el flujo con una perforación que la atraviesa en una dirección. Cuando este *túnel* se coloca en la dirección del flujo permite el paso, cuando se coloca perpendicular se cierra completamente el paso. Esta válvula se puede cerrar bruscamente con un cuarto de vuelta creando un golpe de ariete. Por esta misma razón, es común solo para diámetros pequeños, en los que son más baratas y robustas que el equivalente de compuerta.

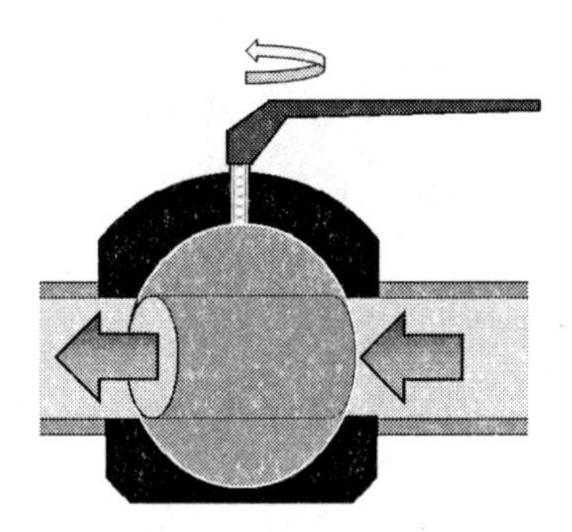

Válvula de flotador (Float valve)

Consiste en un flotador unido a una vara. Cuando en un recipiente no hay agua, el peso del flotador abre la válvula. Cuando el nivel de agua aumenta el flotador cierra progresivamente la válvula. Se utiliza para evitar que los depósitos desborden colocándolas al final de la línea de entrada. Puedes verlas en las cisternas de los inodoros. A partir de ciertos diámetros puede ser muy difícil encontrar este tipo de válvulas.

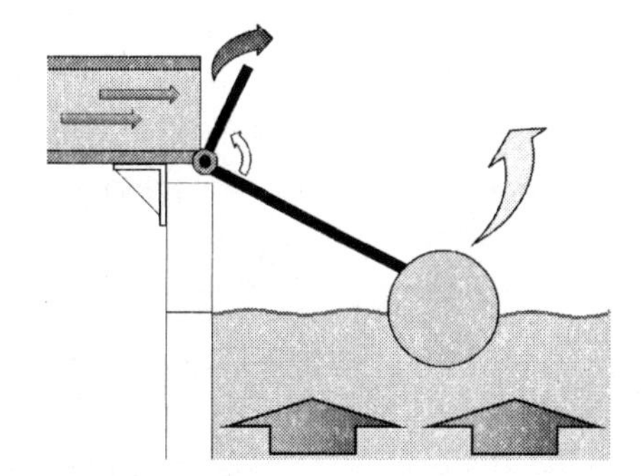

Válvula de aire (Air valve)

En su modelo más simple, consiste en una cámara con un flotador. Cuando no hay aire en la tubería, el flotador tapa el orificio de salida. Cuando hay aire, el flotador cae, libera el orificio y permite que salga. Este modelo sencillo cierra repentinamente originando golpe de ariete. Se suelen colocar en los puntos elevados de una conducción y en los sondeos. A la hora de pedirlas, intenta conseguir válvulas de doble cámara (Antishock double chamber). Son válvulas caras y, en ocasiones, difíciles de conseguir. Procura evitarlas como se ha explicado en el Capítulo 4.

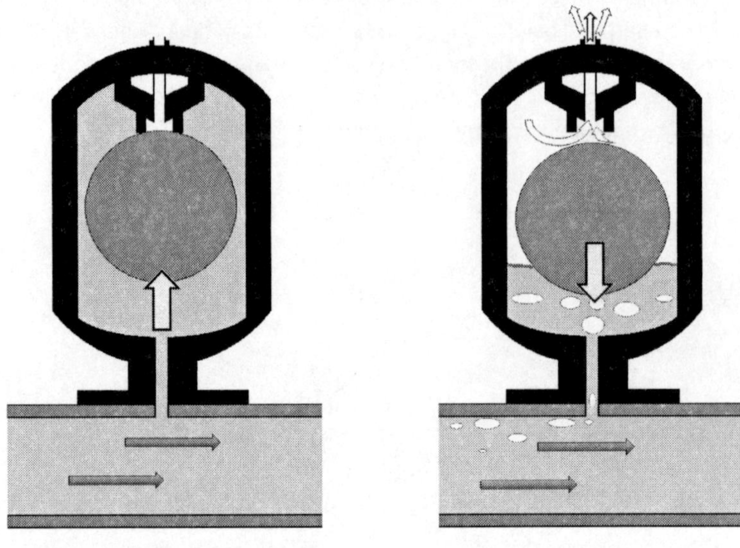

Collarines de acometida (Saddle bust)

Son los accesorios que permiten sacar una tubería pequeña para una casa o fuente pública de la tubería principal de la zona. En cierto modo, hacen las funciones de una te. Consiste en una abrazadera con una junta de goma que se atornilla sobre la tubería principal. Después, se perfora esta a la altura de la protuberancia roscada para acceder al agua. Allí, se conectará la tubería de la acometida. **En proyectos con muchas conexiones, es vital que sean de muy buena calidad para evitar fugas múltiples de difícil solución.**

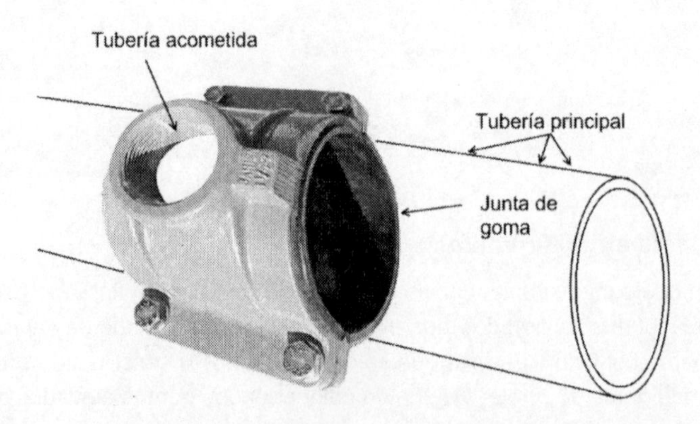

Las acometidas suelen organizarse en base a un *kit de conexión* que reune todos los accesorios necesarios. Un ejemplo de la disposición de uno de estos kits se muestra a continuación. Observa que la acometida se hace en la parte superior para evitar sedimentos y permitir la evacuación del aire:

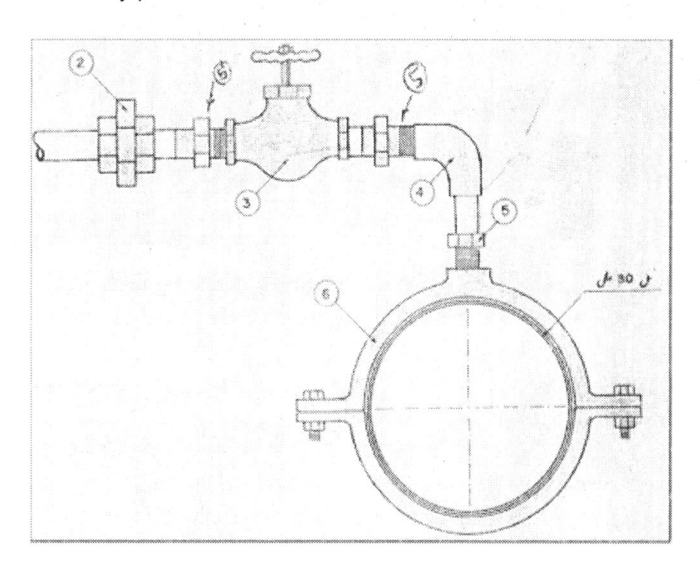

Accesorios prescindibles

Válvulas limitadoras de caudal, válvulas sostenedoras de presión, válvulas reductoras de presión y otras muchas válvulas complicadas son delicadas, caras y difíciles de conseguir en muchos lugares. Estas válvulas se reconocen rápidamente por su complejidad, tienen pinta de "Sputnik" como bromeaba este operario afgano que 16 años más tarde no sabía para que servía o si funcionaba:

¿Por qué instalar una válvula reductora de presión a un coste de 3.700€ en 200mm cuando un tanque de ruptura de presión en hormigón cuesta 7 veces menos y es mucho más robusto?

Logística y calidad en accesorios

Para pedir un accesorio se deben mencionar 4 parámetros: tipo de accesorio, diámetro, presión nominal y tipo de unión. En los accesorios de tubería, también el material. Por ejemplo:

Te en PVC, 100/50mm, clase D unión encolada.
Válvula de compuerta, 100mm, 10 bar, brida según estándar PN.

- Las variaciones de accesorios pueden ser enormes. No insistas en tener exactamente el que has pedido sino aquél que hace la misma función.

- Incluye todos los detalles dibujos y diagramas posibles para que la persona que compra se pueda entender con el vendedor. Como la naturaleza humana es vieja amiga de todos nosotros, aquellas órdenes ininteligibles tienden a chupar mesa indefinidamente. Por otro lado, incluye segundas y terceras opciones en el caso de que el material no estuviera disponible:

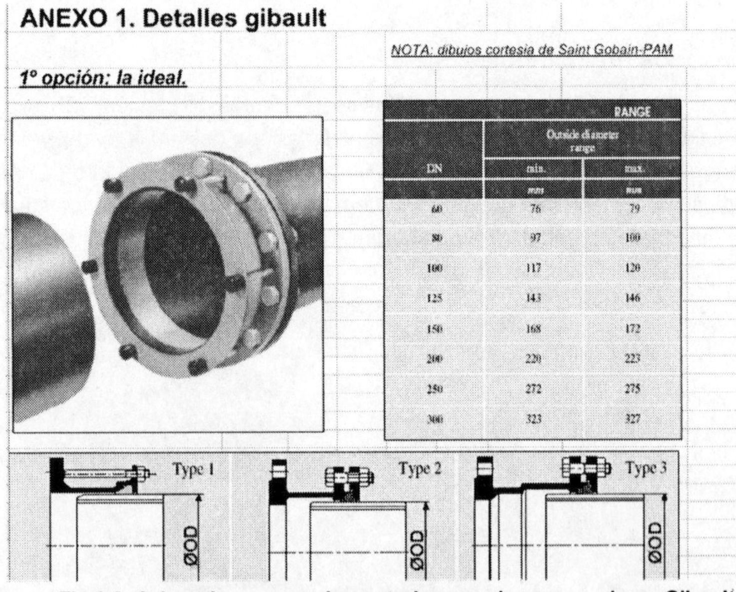
ANEXO 1. Detalles gibault

NOTA: dibujos cortesia de Saint Gobain-PAM

1° opción: la ideal.

DN	RANGE Outside diameter range min.	max.
	mm	mm
60	76	79
80	97	100
100	117	120
125	143	146
150	168	172
200	220	223
250	272	275
300	323	327

Fig 9.3. Aclaraciones complementarias para la compra de un Gibault.

- Tantea la disponibilidad en el mercado para evitar envíos desde Europa que tarden muchos meses.

En cuanto a la calidad:

- Evita accesorios baratos y chinos. A pesar de que pongan "Italy" o "England" se distinguen rápidamente por sus malos acabados. Observa los contornos irregulares, grumos, burbujas y rebabas de esta válvula de compuerta:

- Evita escrupulosamente herramientas de mala calidad. No sólo acaban saliendo más caras, además lastiman a los trabajadores. Observa las burbujas de aire, grietas y la textura de estos *"aceros"*:

10. Construcción con cemento

10. 1 INTRODUCCION

Los pormenores de la construcción con cemento exceden los objetivos de este libro. En este capítulo se van a exponer los distintos tipos, los requerimientos y los errores más frecuentes, para entender los procesos, supervisar los aspectos básicos y ser capaz de presupuestar y organizar los materiales y mano de obra.

Los trabajos de construcción son peligrosos. Si no tienes formación específica, déjalos en manos de terceros.

10. 2 CEMENTO

El cemento normalmente utilizado en construcción es cemento Portland. El precio varía mucho de unos países a otros, pero normalmente está entre 3 y 9 Euros por saco o bolsa de 50 kg. La cantidad de cemento que produce un país es uno de los índices de desarrollo.

Agregados

El cemento por sí sólo tiene poca aplicación y sería caro. Normalmente se utiliza mezclado con agregados: arena, grava o piedra. Los agregados ocupan un gran porcentaje del volumen, permitiendo un ahorro considerable de cemento. El cemento actúa de matriz envolviendo y cohesionando los agregados. Según qué tipo de agregados se use y en qué proporciones, se tendrá hormigón, morteros y manposterías de distinto tipo.

Fraguado

Al mezclar cemento y agua en las proporciones correctas se obtiene una pasta moldeable que se endurece con el tiempo. Se puede trabajar y moldear cómodamente entre 30 y 60 minutos. A partir de las 4 horas ya no es moldeable.

Almacenamiento

Como la reacción que endurece el cemento es una reacción de hidratación, para guardar las propiedades del cemento se debe proteger de la humedad, almacenándolo en un lugar seco, en alto respecto al suelo y cubierto con plástico. Por la misma razón, salvo para pequeños trabajos de acabado, se debe mezclar por sacos enteros. Si se apila a más de cuatro alturas la presión favorece el endurecimiento. Apilando los sacos compactamente se evita la circulación de aire húmedo. En condiciones normales el cemento es un polvo gris con una consistencia parecida a la harina. Cuando el cemento se ha deteriorado se forman grumos y gránulos. El tiempo de almacenamiento deteriora el cemento. Se debe almacenar de una manera que permita que el primero en llegar sea el primero en salir. A los 3 meses de almacenamiento, habrá perdido aproximadamente el 20% de su fuerza, a los 2 años, el 50%. En caso de usar cemento de más de 6 meses de antigüedad, hazlo para aplicaciones menos sensibles o aumenta la cantidad de cemento de la mezcla entre un 50% y 100%.

Logística

Cada saco de cemento requiere entre 28 y 33 litros de agua (según la humedad de la arena con la que se mezcle). Salvo que cuentes con agua en las inmediaciones de la obra, necesitarás organizar y presupuestar el acceso al agua.

10. 3 CAL

Para algunas aplicaciones poco exigentes la cal puede sustituir al cemento. Una aplicación muy interesante es la impermeabilización de pequeñas fugas en depósitos de agua. Una lechada de cal, 5kg por cada m^3 de agua, consigue tapar los poros. La hidratación de la cal genera grandes cantidades de calor. Se necesita precaución para evitar quemaduras.

10. 4 MORTERO

Es la mezcla de arena con cemento. Se utiliza en manposterías o aparejos y en capas finas para el enfoscado de paredes (recubrimiento de paredes). Según la proporción, siempre en peso, de arena tiene distintos usos:

- **1:4** (partes de cemento : partes de arena). Es la mezcla de uso general, para hacer aparejos. Un aparejo es una manera de construir intercalando bloques, por ejemplo, un muro de ladrillo.
- **1:3.** Enfoscado grueso de paredes para protegerlas de la humedad.
- **1:2.** Enfoscado final de paredes.
- **1:1-1,5.** Se utiliza para insertar anclajes en roca y alrededor de tuberías de HG cuando atraviesan muros.

El volumen total de mortero producido es el de la arena que se ha utilizado. Según el tipo de mortero, las cantidades de cada material y la mano de obra necesaria es aproximadamente:

1 m^3	1:4	1:3	1:2	1:1	
Cemento	7,2	9,5	14,4	28,8	Bolsas
Arena	1				m^3
No especializada	4				Jornales
Especializada	1,1				Jornales

10. 5 APAREJO DE PIEDRA

Son muros construidos con mortero 1:4 y piedras. Los muros resultantes son anchos, ya que no es práctico construir en espesores menores a 50cm.

Aparejo de piedra a hueso

Piedras de mediano tamaño unidas con mortero. Dejan espacios vacíos entre sí lo que permite un ahorro de material y le da una gran permeabilidad. Se utiliza para proteger tomas de material a la deriva y cimientos entre otras cosas. El volumen, es el de piedra utilizada y necesita 7,2 sacos de cemento por m^3 para una proporción 80% piedra : 20% mortero.

Aparejo de piedra irregular

Es similar al anterior, pero se debe poner especial cuidado en rellenar todos los huecos entre las piedras. Para ello se aumenta el porcentaje de mortero hasta el 35%. Las piedras se colocan sin trabajar de manera que encajen dejando el menor hueco posible. Sin embargo, ninguna piedra debe atravesar la pared de lado a lado.

La cantidad de cada material y la mano de obra necesaria es aproximadamente:

1m³		
Cemento	2,5	Bolsas
Arena	0,35	m³
Piedra	0,65	m³
No especializada	3,2	Jornales
Especializada	1,4	Jornales

Aparejo de piedra regular

Las piedras se tallan y se colocan ordenadas, como en los castillos. Utiliza un 70% de piedra tallada y un 30% de mortero.

La cantidad de cada material y la mano de obra necesaria es aproximadamente:

1m³		
Cemento	2,16	Bolsas
Arena	0,3	m³
Piedra	0,7	m³
No especializada	5	Jornales
Especializada	2,8	Jornales

10.6 APAREJO DE LADRILLO

Se trata de la típica pared de ladrillos. Los ladrillos fabricados localmente varían en las dimensiones. Aunque suelen estar en las cercanías de los 20x10x5cm cualquier tamaño es posible. La técnica de construcción de estos muros se conoce localmente. Presta atención sin embargo a estos puntos:

- La calidad de los ladrillos puede ser muy variable y una cocción inadecuada puede hacer que se partan con facilidad.
- En paredes largas, debe haber apoyos que le den estabilidad.

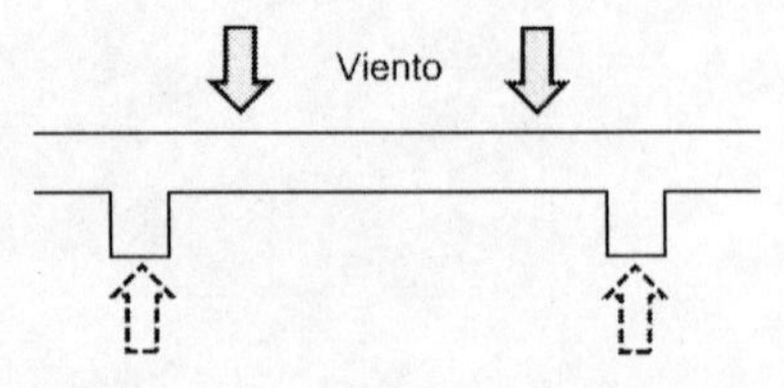

- Las paredes de ladrillo tienden a pudrirse cuando se colocan en contacto con el suelo. Para evitar la humedad, se suelen construir encima de una base de piedra. Posteriormente se enfoscan con mortero.

El aparejo de ladrillo es 75% ladrillo y 25% mortero. La cantidad de cada material y la mano de obra necesaria es aproximadamente:

1 m³		
Cemento	1,8	Bolsas
Arena	0,25	m³
Ladrillo	0,75	m³
No especializada	2,8	Jornales
Especializada	1,4	Jornales

10. 7 HORMIGON

El hormigón es una mezcla de cemento, arena (>5mm) y grava (>20mm) en distintas proporciones de manera que un hormigón 1:2:4 tiene una parte de cemento, dos de arena y cuatro de grava. Las partes siempre van expresadas en peso ya que mezclar por volúmenes es incorrecto. A mayor contenido de cemento, mayor resistencia. La mezcla más común es 1:2:4.

Fraguado

El hormigón, a los 7 días tiene suficiente resistencia para la puesta en servicio en la mayoría de aplicaciones. La dureza definitiva se alcanza a los 28 días, a partir de los cuales sigue endureciendo muy lentamente.

La cantidad de agua es clave para la resistencia final del hormigón y del cemento en general. Para evitar la evaporación, es importante cubrir las obras y mojarlas periódicamente en la primera semana de fraguado.

La velocidad de endurecimiento decrece según desciende la temperatura y se detiene cuando se congela. En climas fríos, las obras deben resguardarse del viento y del frío, utilizar agua templada para las mezclas y aumentar los tiempos de fraguado. Para trabajar por debajo de 0ºC es necesario añadir aditivos.

Encofrado y armado

El hormigón recién mezclado tiene una consistencia pastosa. Para mantenerla en posición y darle la forma adecuada se usa un encofrado en madera o metal.

Fig 10.6a. Encofrado de madera de un tanque de ruptura de presión.

El hormigón es un material muy resistente a la compresión pero muy poco resistente a la tracción (estiramiento). Para mejorar su resistencia se incorporan barras de hierro que absorben los esfuerzos de tracción. El resultado es el hormigón armado.

Fig 10.6b. Comprobación del armado de un depósito de agua.

Estimación de materiales y mano de obra

En el hormigón hay 3 actividades fundamentales: el encofrado, el armado y la preparación de la mezcla.

Las cantidades y mano de obra que requiere la mezcla son aproximadamente:

1m³	1:1:2	1:2:4	1:3:6	1:4:8	
Cemento	10,72	6,52	4,56	3,5	Bolsas
Arena	0,37	0,45	0,47	0,48	m³
Grava	0,74	0,9	0,94	0,96	m³
No especializada	4				Jornales
Especializada	1,1				Jornales

La cantidad de hierro la determinará el diseño. El hierro se trabaja y presupuesta generalmente en kg. La correspondencia entre kg y metros lineales para cada diámetro es :

Diámetro mm	3,4	4,2	5	6	7	8	9	10	11	12	16	20	25	32
Kg/m	0,07	0,11	0,15	0,22	0,3	0,4	0,5	0,62	0,75	0,89	1,58	2,47	3,85	6,31

Para doblar el hierro en la forma necesaria y construir la armadura, y variando según la complejidad de la estructura, se necesitan aproximadamente 0,004 jornales de ferrallista y 0,008 jornales de mano de obra no especializada por kg de hierro.

A la hora de presupuestar, es más cómodo asignar un numero de kg de hierro por m^3 de hormigón para no tener que medir y presupuestar cada barra de un diseño.

El encofrado depende tanto de la forma y de la disponibilidad de materiales locales que no hay reglas fijas. Por ello se suele presupuestar con una suma global.

Errores frecuentes

- **Deshidratación de las obras**. Las obras que se descuidan y se dejan expuestas al sol y el viento pierden humedad rápidamente. El fraguado no tiene a su disposición suficiente agua y el hormigón resultante es quebradizo. Asegúrate que las obras se cubren y se humedecen periódicamente.

- **Tirar el hormigón**. Cuando el hormigón cae y golpea el suelo, la grava avanza entre la pasta líquida y se separan los componentes. El cemento se concentra en la parte superior, seguido de la arena y la grava se apila contra el suelo.

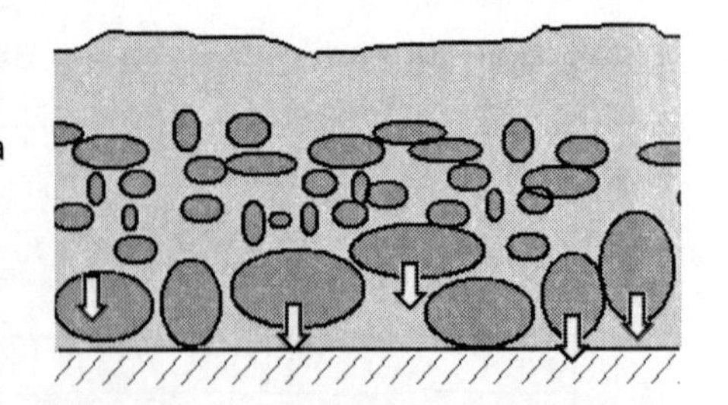

- **Mezcla en el suelo**. Al mezclar directamente el hormigón en el suelo, se pierde agua y se incorporan impurezas. Las mezclas se deben hacer sobre láminas metálicas o losetas de hormigón.

- **No vibrar.** Para que el hormigón llegue correctamente a todos los lugares y para evitar burbujas de aire se debe vibrar con una máquina o removiendo una barra en el interior y golpeando el encofrado.

- **Armado superficial**. Para que el armado esté correctamente integrado en el hormigón debe estar recubierto al menos 2,5cm. En caso de esfuerzo, una barra tan superficial como la de la foto (7mm) saltará del hormigón. Para garantizar las distancias se colocan espaciadores.

Como las barras de armado son las que le dan al hormigón la resistencia e impiden que colapse repentinamente su inspección es especialmente importante. Las barras del armado no pueden soldarse, salvo que estén soldadas industrialmente. Establece como cláusula en los contratos que antes de que un contratista vierta el hormigón se ha de inspeccionar el armado. El ahorro de hierro o utilizar hierros no adecuados es potencialmente muy peligroso. La presencia de pequeñas cantidades de óxido en las barras es normal e incluso mejora la adherencia entre cemento y hierro.

10. 8 PERMEABILIZACION E IMPERMEABILIZACION

La impermeabilización del hormigón se consigue con aditivos o con una capa de bitumen.

Un método alternativo es enfoscar con capas de mortero de 1cm de grosor sucesivas con mayor riqueza en cemento ; 1:4, 1:3, 1:2, 1:1. El acabado liso del enfoscado favorece mucho la impermeabilización. Un acabado fino o un encofrado en metal disminuye el número de poros.

En el caso de reparaciones rápidas de fugas pequeñas se puede utilizar una lechada de cal 5kg/m^3 (apartado 10.3).

Hormigón permeable

Es un hormigón que deja pasar hasta 90l/m^2 para espesores de 10cm. Es muy interesante para evitar charcos en fuentes públicas y para la construcción de tomas.

Básicamente, es un hormigón sin arena y con una grava más pequeña (6-10mm). La mezcla en volumen (cemento, grava pequeña: agua) es 1:4,5:0,6. Se puede armar, y tiene resistencias similares a las del hormigón tradicional si está hecho correctamente. La cantidad de agua es crítica, si es excesiva se forman membranas de cemento que lo impermeabilizan, en defecto, se vuelve quebradizo.

Fig 10.7. Detalle de un anillo de hormigón permeable. La grava es del grosor del lápiz.

11. La toma

11. 1 INTRODUCCION

La toma es la parte del sistema que recoge el agua y la introduce en la tubería. Cada situación requiere un enfoque especial y no hay un diseño infalible que se pueda repetir. Aquí se van a ver algunos para que tengas ideas de las que partir hacia la solución que se adapta a tu situación.

Una toma correctamente concebida debe realizar algunas funciones aparte de la obvia de recoger agua:

- Acondicionar el agua, disminuyendo la cantidad de materiales en suspensión. De hecho, una toma bien pensada puede eliminar completamente la necesidad de tratar el agua.
- Proteger el agua de la contaminación, impidiendo la entrada de animales, la manipulación o las consecuencias de las inundaciones.

11. 2 SELECCIÓN DEL EMPLAZAMIENTO

La única limitación es que esté en contacto con la fuente, lo que deja un gran abanico de posibilidades.

Algunos criterios

En manantiales se construye la toma allí donde afloran. En el caso de arroyos hay más posibilidades y hay que tener en cuenta que:

1. La toma debe tener acceso al agua durante todo el año.

2. El emplazamiento debe proteger la toma de daños por riadas, movimientos de tierra e inundaciones.

3. El potencial de erosión sea bajo. Zonas rocosas o donde el agua circule a baja velocidad son menos propensas a sufrir erosión.

4. Se sitúe aguas arriba de fuentes de contaminación: lavaderos, asentamientos, bebederos de animales...

5. La tubería pueda salir fácilmente sin recorrer el arroyo aguas abajo durante muchos metros y que se presurice rápidamente. Los comienzos de pendientes más pronunciadas son buenos lugares.

6. El aprovechamiento de cavidades, pozas y estrechamientos naturales.

7. Permita una fácil cimentación que evite filtraciones laterales e inferiores. En la medida de lo posible, en contacto con la roca madre.

Pretomas

No es necesario colocar toda la toma en el mismo sitio. Si existen zonas sin contacto con la fuente que son más favorables, con mayor espacio para construir filtros o piscinas de sedimentación o más resguardadas, se puede construir una pretoma en forma de tubería protegida:

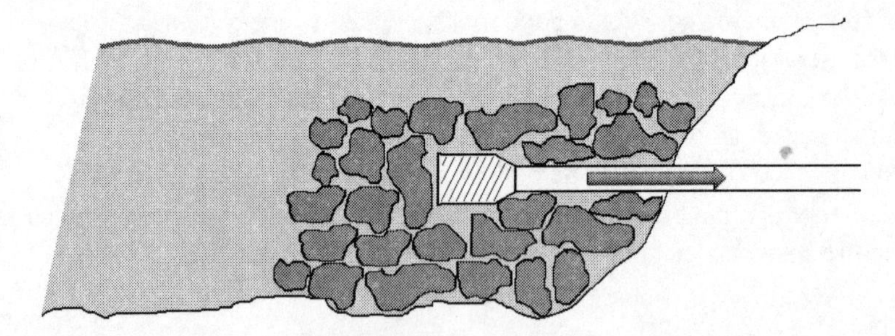

Añadiéndole una caja de válvulas para el control, ésta es a su vez la toma más sencilla. Las piedras alrededor de una tubería ciega ranurada protegen físicamente a la tubería y sirven de filtro de gruesos. La tubería debe estar al menos 30cm bajo el agua en todo momento, para evitar que las partículas que flotan, como la mayoría de restos orgánicos y excrementos, entren y para evitar que se atasque. Además, la parte superficial que contiene algas y vida suele tener un gusto y olor fuertes. Por otro lado, no debe estar muy cerca del fondo para evitar los contaminantes que no flotan.

11. 3 TOMAS EN ARROYOS

El desafío es conseguir una profundidad suficiente como para que el agua fluya sin problemas y frecuentemente es necesario subir el nivel mediante presas. Busca zonas favorables, estrechamientos naturales y cambios de pendiente. Las presas crean una zona de agua reposada donde las partículas en suspensión pueden sedimentar.

Pequeñas presas

Las presas son peligrosas. Salvo que tengas formación específica no intentes presas más allá de pequeñas barreras de algunos metros de longitud lejos de cualquier asentamiento. Cuando la presilla esté completamente llena no debe inundar las zonas cercanas.

Una manera de subir el nivel del agua sin grandes complicaciones es colocar barreras de piedra sin cemento o gaviones. Las piedras ofrecen una gran resistencia al flujo y el nivel del agua sube para poder vencerla:

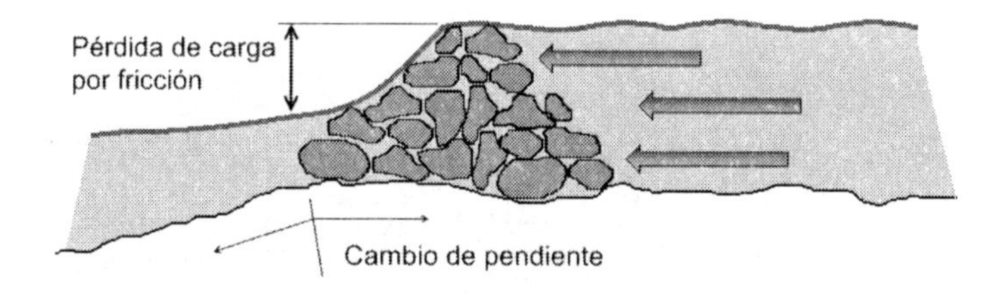

Una presa parcial tendrá el mismo efecto. En este caso el agua se acelera en el estrechamiento y hay que proteger de la erosión la orilla contraria con rocas.

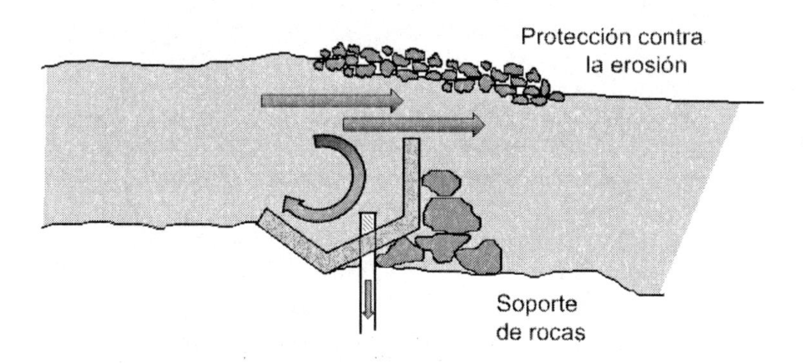

La presa completa cierra el lecho de lado a lado, permitiendo que al agua fluya a través de un rebosadero.

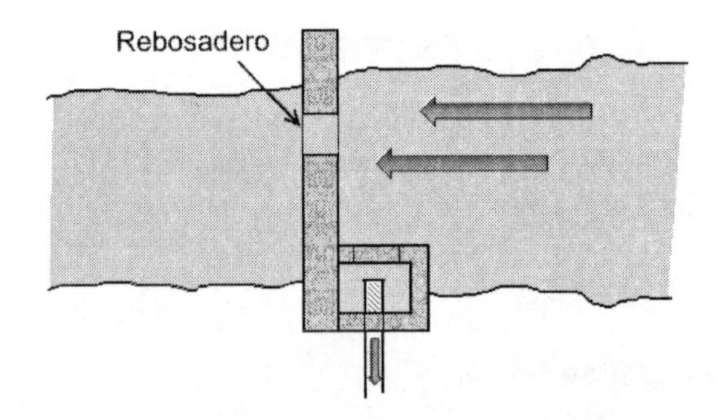

La imagen muestra una presa para una toma gravitatoria. Observa como los laterales están protegidos contra la erosión y crecidas por dos muros de aparejo de piedra. El rebosadero está situado en el centro y la toma, inmediatamente a la derecha de la persona, tiene una loseta de hormigón como tapadera. La presa apoya sobre la roca madre que se ve aflorar claramente en el rebosadero. Este es el caso mas favorable porque permite un sellado perfecto. El principal problema de las presas es la infiltración entre presa y sustrato. La erosión va aumentando la brecha hasta que la presa fracasa. Esta presa ha utilizado una pequeña cascada natural para tener acceso a la roca madre y poder presurizar rápidamente la tubería con el desnivel disponible.

Fig 11.3. Presa para una toma de agua para la gravedad, Mtabila II, Tanzania.

En la supervision de estas obras, las presas de aparejo de piedra deben ser menores de 2m de altura. La parte que da al agua se mantiene vertical y se impermeabiliza, y la parte opuesta es una pendiente que en la base debe medir al menos 0,7 veces la altura. Estas presas deben apoyar sobre roca sólida o cimentación. En el lado de caída del agua se colocan piedras para evitar que la erosión socave la presa. Presta atención a que la unión entre la roca y el aparejo sea íntima y rugosa.

Galerías de infiltración

Es probablemente la toma de elección, por la protección de tener toda la toma enterrada y por disminuir o incluso eliminar completamente la necesidad de tratamiento. En contrapartida, la posición tan baja de la tubería puede dificultar la salida y presurización, y la tiene las dificultades de las obras inundadas.

En su forma más simple consiste en una tubería ranurada enterrada en el lecho de un riachuelo o cualquier otro cuerpo de agua. La tubería se cubre con capas de grava cada vez más finas y finalmente con arena. Esta configuración permite el filtrado y una dismininución importante de la carga bacteriana del agua.

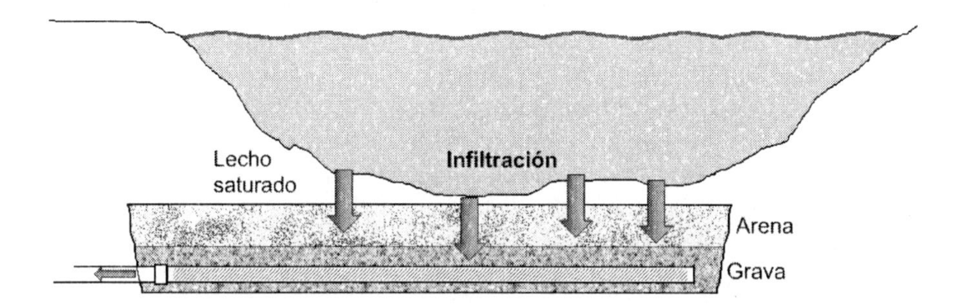

En los diseños tradicionales de galerias de infiltración, en la que el agua se extrae de un pozo en la orilla, se recomienda que la tubería esté a una profundidad de 1m del lecho. Esto dificulta la salida de la tubería. En los diseños por gravedad, se puede colocar la tubería en paralelo al río en lugar de en perpendicular, para aumentar la capa de filtrado sin que la tubería parta de una posición demasiado baja. Observa que el nuevo diagrama es muy similar, pero en lugar de ser una sección es un vista desde arriba:

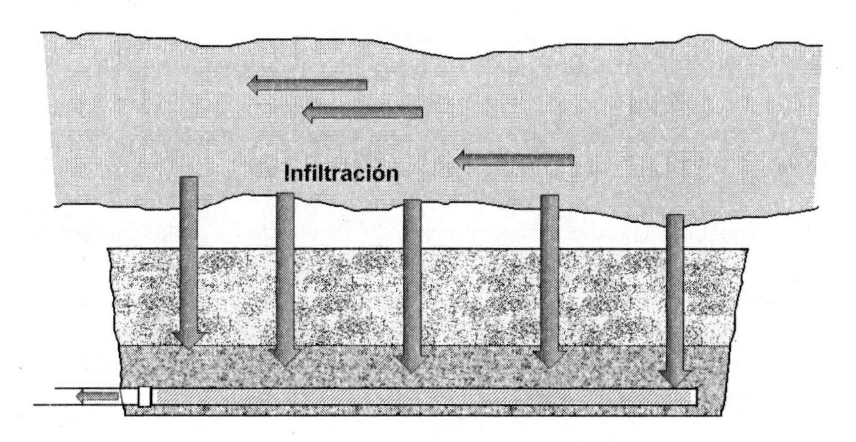

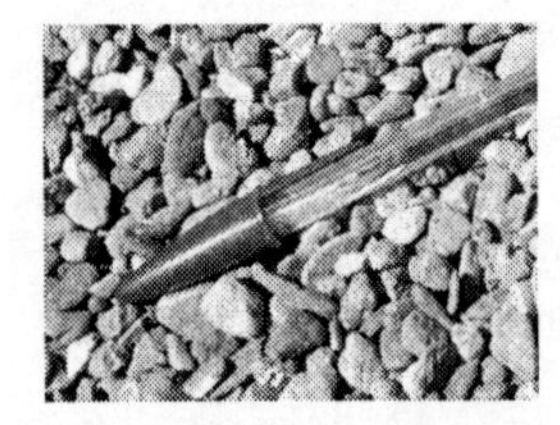

La grava que rodea a la tubería es similar a la que se utiliza en el filtro de grava de los sondeos, menor a 10mm de tamaño.

11. 4 TOMAS EN MANANTIALES

Los manantiales son fuentes ideales para los proyectos de gravedad. Si están protegidos adecuadamente su agua no necesita tratamiento, la toma puede ser extremadamente sencilla y barata y su caudal tiende a ser más estable a través de las estaciones.

Un libro muy interesante y sencillo de leer con los distintos métodos de acceder a aguas subterráneas, muchos de ellos aplicables a la gravedad por ser de principios de siglo, es *Investigación y Alumbramiento de Aguas Subterráneas* (referencia 9 de la bibliografía). A pesar de tener más de cien años de antigüedad, las técnicas descritas son excelentes y se pueden encontrar ejemplares de segunda mano en internet a muy bajo precio.

Manantiales en zonas llanas

Estos manantiales son difíciles de utlizar para proyectos de gravedad porque no permiten la presurización de la tubería. En ocasiones con una cantidad razonable de excavación se puede alcazar una zona en pendiente. Otra alternativa, si están al pie de una ladera, es intentar buscar la corriente subterránea mediante excavación. Muchos de estos métodos estan descritos en la referencia 9.

Los manantiales más interesantes en zonas llanas son los artesianos. En ellos, el agua de lluvia recogida en una zona alta queda confinada entre dos capas impermeables. El resultado es que se forma una *tubería natural* que funciona por gravedad de la misma manera que un sistema artificial. Cuando el suelo corta las capas impermeables el agua aflora con presión. En este caso se puede colocar un recipiente encima del afloramiento que contenga el agua elevada.

Esto es práctico según el tamaño del afloramiento. Se coloca una caja de hormigón con tapa y sin suelo directamente encima. El fondo se cubre con grava para que el agua pueda pasar y las paredes se sellan en su parte más baja con una mezcla pastosa de arcilla y agua. Finalmente se rellena con material excavado de forma que el agua escurra hacia el exterior y se coloca una rampa de hormigón para evacuar el agua no utilizada a través de un rebosadero.

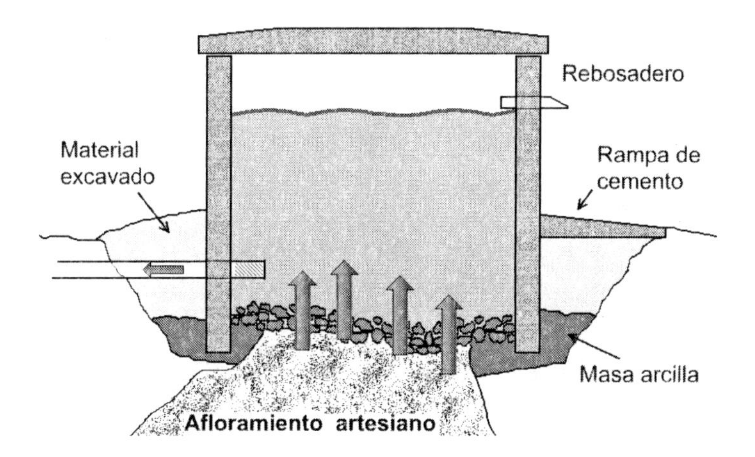

Manantiales en pendientes

Estos manantiales son muy fáciles de desarrollar. Básicamente hay dos modelos, la pared simple (primera ilustración) y la caja de manantial (segunda ilustración). En este último, la caja se construye para que actue como un déposito y se dimensiona como ellos, aunque en ocasiones no es posible ni práctico contruirlo en las cercanías del manantial si son de gran tamaño.

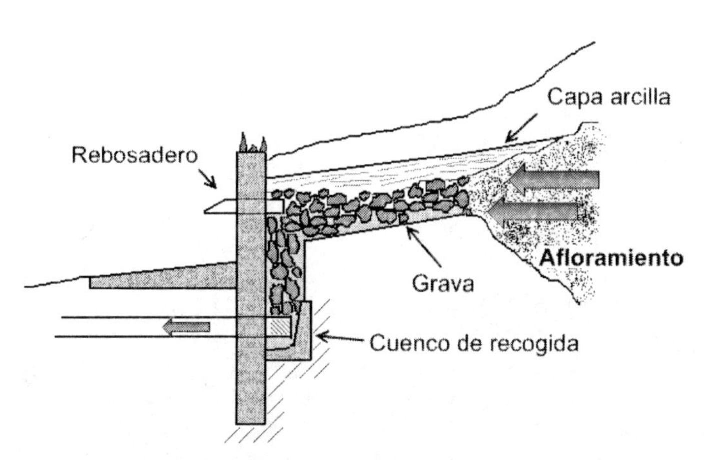

Las capas de arcilla sirven para aislar el agua de manantial de posibles contaminaciones por la cercanía del suelo en el afloramiento. En lo alto de la pared a veces se colocan piedras en punta para evitar que las personas marchen sobre ella. La zona alrededor del afloramiento se valla para impedir el acceso de animales y se coloca un montículo semicircular orientado según la pendiente para evitar que el agua superficial pueda entrar en contacto con el agua del manantial. Aunque en algunos manuales se recomienda que sea una zanja, al excavar la zanja se corre el riesgo de acercarse demasiado a la capa que contiene el agua.

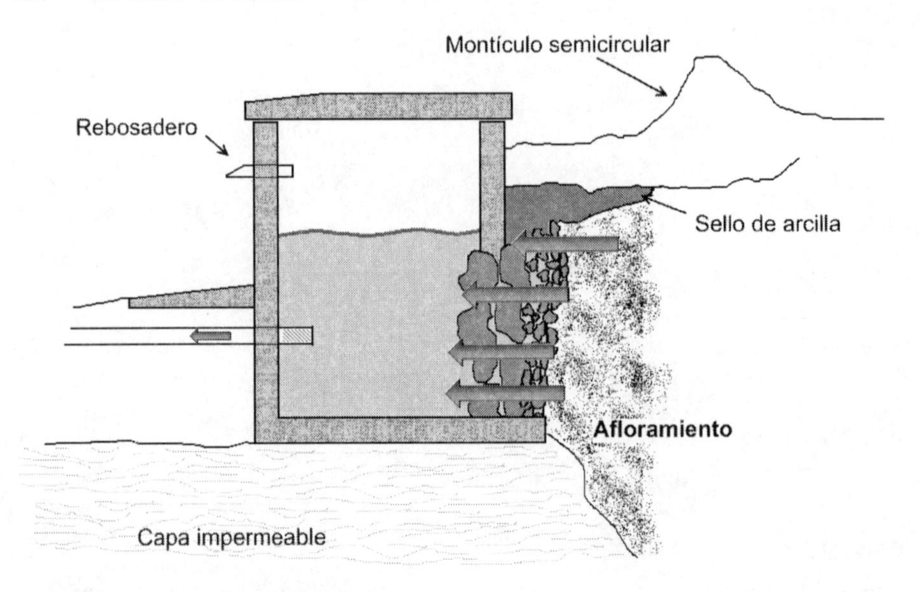

Existen técnicas para aumentar el caudal de manantiales. Generalmente están basadas en aumentar la infiltración dificultando el flujo superficial del agua. Se planta vegetación o se colocan muretes de piedra, por ejemplo, para aumentar el tiempo de contacto y que más agua pueda pasar al subsuelo.

Más información sobre manantiales en inglés en la referencia 15.

Fig. 11.4. Manantial de Tempisque, El Salvador, con un caudal de 11 l/s.

11. 5 TOMAS EN PEQUEÑAS LAGUNAS

La ventaja principal es que el volumen de agua almacenado evita construir depósitos y frecuentemente cámaras de sedimentación. Una construcción interesante en este caso, es una galería de infiltración, que se puede construir en seco en las cercanías de la laguna y despues excavar alrededor para que tenga acceso al agua.

En estos casos es importante colocar una regla escalada para poder monitorear la evolución de la masa de agua.

11. 6 LA CAJA DE VALVULAS

Hasta ahora se han excluido de los esquemas por simplicidad. La capacidad de detener e incluso regular el flujo de entrada a las tuberías es muy importante. En caso se avería, se puede cerrar la válvula, evacuar el contenido de la red y trabajar en seco. Reparar averías sin cortar el flujo es dificultoso, incómodo y requiere bombas de achique a pesar de la generosa sonrisa del trabajador en la imagen.

Otra función importante de la caja de válvulas es evacuar el aire que asciende por la tubería hacia el punto más alto de la red. Para ello se coloca un respiradero por encima del nivel máximo posible en la caja del manantial:

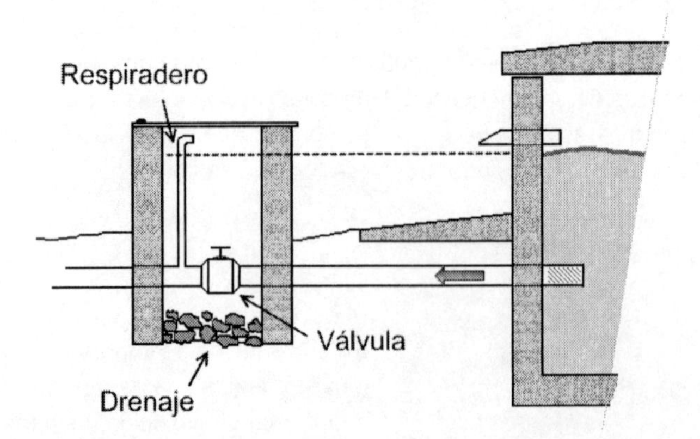

El suelo de la caja de válvulas es una capa de grava gruesa que permita evacuar pequeñas fugas y las salpicaduras del respiradero evitando la inundación. Si la tubería esta rodeada de agua estancada, la toma se convierte en una fuente de contaminación.

Las cajas de válvulas se tratan globalmente en el próximo capítulo.

11. 7 BALSAS DE SEDIMENTACION

Las aguas agitadas y superficiales suelen tener muchas partículas en suspensión que le dan un aspecto turbio. Además del aspecto, estas partículas son problemáticas por los olores y sabores que imparten al agua y por causar una erosión prematura de tuberías y accesorios. Una vez en las tuberías, sedimentan y se acumulan en las partes bajas disminuyendo su diámetro útil.

Si se permite que el agua repose durante un tiempo, estas partículas se van hundiendo y el resultado es una agua clara. La arena tiene velocidades de sedimentación en agua entre 0,5 y 6 m/min. Las partículas más finas que sedimentan apenas se hunden 1cm/min. Las partículas de arcilla fina y bacterias no sedimentan. A efectos prácticos, cuando el agua ha estado en reposo una hora ha perdido la mayoría de las partículas.

En aquellos sistemas con depósito, una pequeña balsa de sedimentación con un tiempo de detención de 15 minutos permite que las partículas más grandes, las más abrasivas, puedan sedimentar antes de entrar en la tubería. El resto de sedimentación ocurrirá en el depósito. Los sistema sin depósito necesitan tiempos cercanos a la hora.

Medida de la turbidez

La turbidez se mide en una columna de agua transparente. En el fondo tienen una cruz o círculo de 2mm de anchura. A continuación, observando desde arriba la columna, se vacía la columna hasta llegar a ver la marca del fondo con claridad. La columna está calibrada y permite la lectura de la medida. La unidad de medida es el NTU. En aguas tratadas, la turbidez debe ser menor a 5 NTU.

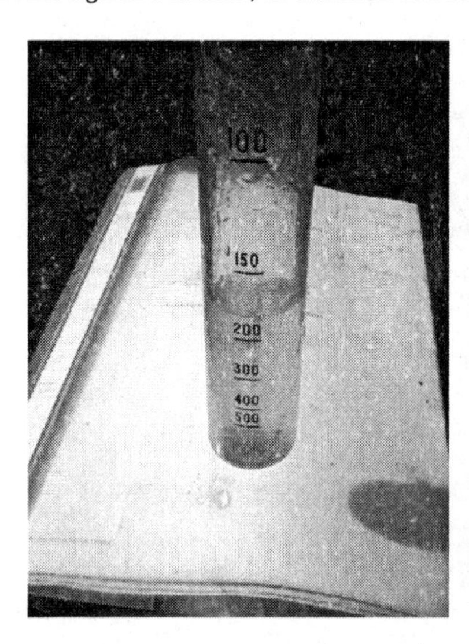

La lectura de la imagen es aproximadamente 190 NTU. Observa que puedes ver la cruz del fondo de la columna y que la medida se toma a la luz del día sobre un fondo blanco. Este agua, tomada de una fuente pública en un sistema de abastecimiento de agua por gravedad en Tanzania, tiene una turbidez inaceptablemente alta e indica la ausencia de un sistema de filtración eficaz.

Cálculo de una laguna de sedimentación

Se trata de conseguir un estanque lo suficientemente grande como para que el agua permanezca el tiempo necesario para su sedimentación, 60 minutos en sistemas sin déposito y 15 minutos en los sistemas que lo tienen. El volumen del tanque en m^3 viene determinado por:

$V = 3,6 * Q * t$ Q, caudal en l/s; t, tiempo de detención en horas.

Sin embargo, no cualquier estanque sirve para la sedimentación.La velocidad en el interior debe ser menor a 0,005m/s para evitar corrientes que impidan la sedimentación y la longitud al menos cuatro veces mayor que el ancho para amortiguar las turbulencias de entrada. Para calcular la velocidad:

$v = 1.000 * Q / A * h$ A, ancho en metros ; h, profundidad en metros.

Ejemplo de cálculo:

Determina las dimensiones de la balsa de sedimentación de una toma para un sistema de gravedad sin depósito, si el consumo medio de la población futura se estima en 2 l/s. Calcula también para el mismo sistema con depósito.

Sin depósito:

La profundidad de la balsa se fija en 0,75m según lo descrito en el siguiente subapartado.

Las variaciones de consumo temporales van a afectar a la velocidad de entrada en la toma. A falta de otros datos sobre variaciones temporales, se toma un valor cuatro veces mayor para el caudal punta (ver apartado 2.8): Q= 2l/s*4 = 8 l/s

El volumen necesario es: $V = 3{,}6 * Q * t = 3{,}6 * 8l/s * 1h = 28{,}8m^3$

Para una velocidad de 0,005 m/s o menor,

$v = Q / 100 * A * h \rightarrow A = Q / 1.000 * v * h$

A= 8l/s / 1.000 * 0,005 m/s * 0,75m = 2,13m o mayor, pe, 2,2m.

La longitud necesaria de estanque para conseguir $28{,}8m^3$ es:

$L = V / A * h = 28{,}8m^3 / 2{,}2m * 0{,}75m = 17{,}45m$

Por último, se comprueba que la longitud, 17,45m, es mayor que 4 veces el ancho, 4 * 2,2m = 8,8m.

La balsa necesaria mide 17,45m de largo, 2,2m de ancho y tiene 0,75m de profundidad.

Con depósito:

Si hay un depósito, el tiempo de detención es 0,25 horas. Además, como las variaciones temporales las va a amortiguar el depósito, el caudal de entrada en la toma es el original 2 l/s.

El volumen necesario es: $V = 3{,}6 * Q * t = 3{,}6 * 2l/s * 1h = 7{,}2m^3$

El ancho es, A = Q /1.000 * v * h = 2l/s / 1.000 * 0,005 m/s * 0,75m = 0,53m

Tomando el ancho 0,6m la longitud necesaria para 7,2m^3 es:

$$L = V / A * h = 7{,}2m^3 / 0{,}6m * 0{,}75m = 16m$$

Nuevamente es más de cuatro veces mayor que el ancho.

La balsa necesaria mide 16m de largo, 0,6m de ancho y tiene 0,75m de profundidad.

Observa que la segunda balsa es más pequeña y menos costosa. Por lo tanto, el dinero ahorrado puede contribuir a la construcción del depósito.

Una longitud de 16 metros es importante y no todos los emplazamientos la permitirán. Se puede obtener particionando la balsa, lo que permite ahorrar bastante material.

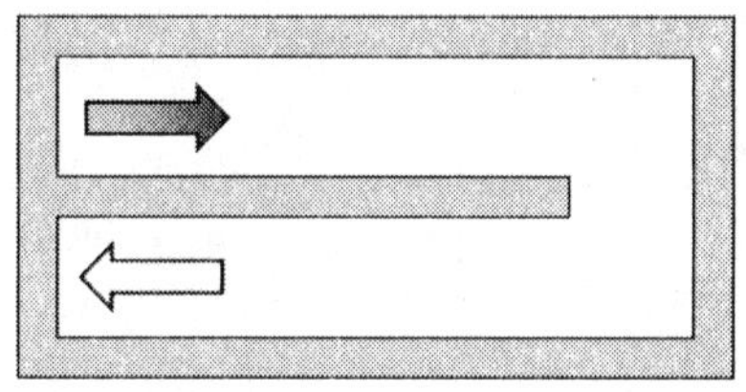

Detalles de construcción

- El agua turbia debe entrar a media altura homogéneamente sobre toda la anchura de la laguna. Esto se consigue perforando a intervalos iguales y muy pequeños una tubería.

- La salida del agua limpia debe estar lo más alto posible, ligeramente por debajo del rebosadero.

- La profundidad óptima está entre 0,70m y 1m.

- Debe tener un desagüe que permita el vaciado total de la balsa para su limpieza, y una válvula para poder cerrar la entrada.

Es relativamente frecuente mezclar los conceptos y acabar haciendo una toma mixta entre la toma propiamente dicha y la balsa de sedimentación. En la toma de la imagen, la balsa de sedimentación no tiene las dimensiones ni la forma adecuada. El agua entra por arriba y se toma abajo. La corriente entrante va directamente hacia la toma (en primer plano) y acumulará los sedimentos allí. Para terminar, la construcción no facilita la limpieza ni evita la manipulación de la caja de válvulas.

Fig. 11.6. Falsa balsa de sedimentación.

12. Otros componentes

12. 1 DEPOSITOS

El depósito es la parte más visible de la red y la que despierta más orgullo. Es también el lugar ideal para inscribir no sólo el nombre del proyecto y la fecha, quizás también el nombre de los que han participado en la red o un mural sobre como preparar una solución de rehidratación. La tendencia natural que sigue, es querer el depósito más grande posible. En este apartado veremos cómo determinar el tamaño que hace falta para evitar pequeños depósitos que desesperan y grandes depósitos que nunca se llenan.

La función principal del depósito es amortiguar las diferencias entre lo que la fuente es capaz de producir y las variaciones temporales en el consumo de la población de manera que siempre haya agua disponible. Si la explotación de la fuente permite un caudal mayor que la punta de consumo de la población normalmente no necesitas construir un depósito. Tienes un ejemplo de determinación del consumo punta teniendo en cuenta las variaciones diarias, semanales, mensuales, el consumo no medido y la población futura en la sección 2,8 y las anteriores.

Si, por el contrario lo excede, estás en uno de estos casos:

a. Si excede en el momento actual no tienes gran libertad. Debes determinar el tamaño del depósito necesario y organizar su construcción.

b. Si el consumo excede la producción de la fuente sólo tras 20 años de proyección de población, se puede decidir aplazar la construcción al futuro.

Cuando las distancias son muy largas, puede ser más barato contruir un pequeño depósito e instalar tuberías de menor diámetro entre la fuente y el depósito.

Peligrosidad

En los proyectos de agua por gravedad es relativamente frecuente que el depósito esté colocado inmediatamente por encima de las viviendas. Si el depósito fracasa, la riada desencadenada va directamente a las casas. Evita depósitos de emergencias o de lata. Estos depósitos fueron desarrollados para la agricultura, no para ser instalados en las inmediaciones de poblaciones. Considera el riesgo de terremoto y guerra y la estabilidad del suelo:

Fig 12.1. Instalación de depósitos sobre las mismísimas grietas de un terremoto.

La construcción de un depósito necesita una atención y supervisión especial por personas cualificadas. No es algo a construir *con la comunidad* o siguiendo planos con mano de obra no especializada.

Determinando el tamaño necesario

La manera más sencilla de determinar el tamaño es hacer un balance de las entradas y salidas de agua parecido a los ejercicios de contabilidad. Durante un periodo de 24 horas, el tamaño del depósito necesario es la resta del volumen mínimo registrado al volumen máximo. Si hay varios tipos de consumo se deben tener en cuenta. Este, por ejemplo, es una balance que se ha realizado teniendo en cuenta los consumos de animales y personas. El volumen máximo (en la columna TOTAL) es 3.500 litros y el mínimo -2.668.

	Personas	Animales	Cons. Total	Producción	Balance	TOTAL
0:00	0	0	0	700	700	700
1:00	0	0	0	700	700	1400
2:00	0	0	0	700	700	2100
3:00	0	0	0	700	700	2800
4:00	0	0	0	700	700	**3500**
5:00	59	2184	2243	700	-1543	1957
6:00	235	2184	2419	700	-1719	238
7:00	764	2184	2948	700	-2248	-2010
8:00	1058	0	1058	700	-358	-2369
9:00	1000	0	1000	700	-300	**-2668**
10:00	412	0	412	700	288	-2380
11:00	118	0	118	700	582	-1798
12:00	59	0	59	700	641	-1156
13:00	59	0	59	700	641	-515
14:00	59	0	59	700	641	126
15:00	235	0	235	700	465	591
16:00	588	0	588	700	112	703
17:00	706	0	706	700	-6	697
18:00	353	0	353	700	347	1044
19:00	118	2184	2302	700	-1602	-557
20:00	59	2184	2243	700	-1543	-2100
21:00	0	0	0	700	700	-1400
22:00	0	0	0	700	700	-700
23:00	0	0	0	700	700	0

$$V = V_{máximo} - V_{mínimo} = 3.500 \text{ litros} - (-2.668) \text{ litros} = 6.168 \text{ litros}$$

Haciendo una gráfica con los valores de la columna total, se obtiene la evolución del volumen en un depósito imaginario.

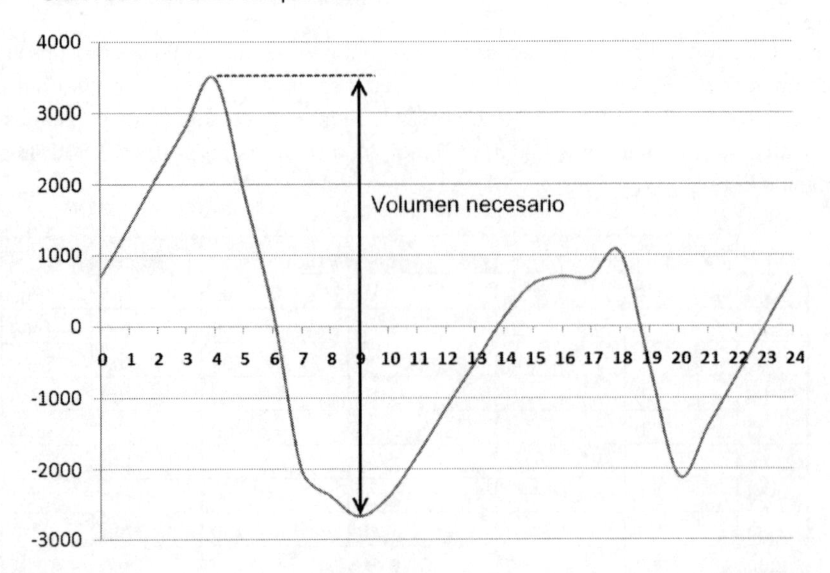

Para determinar las salidas a cada hora, debes tener un patrón de consumo diario establecido. En la sección 2.5 se ha explicado la dificultad de medir uno en el terreno. Discutiendo con la población y conociendo sus hábitos puedes llegar a construir un patrón tentativo.

Observa que para que este método funcione, el agua producida y la consumida tienen que ser la misma o se acabará almacenando agua que nunca se va a consumir:

- Si la fuente produce continuamente, las entradas de cada hora corresponderán al consumo total entre 24 horas.
- Si la fuente es intermitente, por ejemplo el bombeo hacia un depósito, es muy importante que las horas de producción (bombeo) coincidan con las de máximo consumo. Como la mayoría del volumen que se produce es consumido en el mismo instante, la cantidad de agua a almacenar es la mínima y el depósito requerido el óptimo.

Ejemplo de cálculo:

En un sistema mixto para abastecer 10.000 personas con 50 litros diarios, se planea bombear con una bomba de 50 m^3/h desde el río hasta un depósito. A partir del depósito por gravedad a la población. El patrón de consumo es desconocido. ¿Qué volumen debe tener el depósito?

El volumen total de agua consumido diariamente es:

10.000 personas * 50 litros/persona*día = 500.000 litros día o 500m^3

El número de horas de bombeo necesarias es: 500m^3 / 50m^3/h = 10 horas

Para establecer el patrón de consumo tentativo nos dejamos guiar por las recomendaciones del apartado 2,5. Establecemos que habrá un pico de consumo de 3 horas por la mañana (aproximadamente de 6:00 a 9:00) donde se consume el 50% del agua y un pico secundario por la tarde con un consumo del 20% (15:00 a 17:00). Las horas de bombeo, cada una de ellas de 50 m3, se colocan en las horas de máximo consumo:

	%	Consumo	Producción	Balance	TOTAL m^3
0:00	0	0	0	0	0
1:00	0	0	0	0	0
2:00	0	0	0	0	0
3:00	0	0	0	0	0
4:00	2	10	0	-10	-10
5:00	5	25	50	25	15
6:00	13	65	50	-15	0
7:00	18	90	50	-40	-40
8:00	15	75	50	-25	**-65**
9:00	5	25	50	25	-40
10:00	3	15	50	35	-5
11:00	2	10	0	-10	-15
12:00	2	10	0	-10	-25
13:00	1	5	0	-5	-30
14:00	4	20	50	30	0
15:00	10	50	50	0	0
16:00	8	40	50	10	10
17:00	4	20	50	30	**40**
18:00	2	10	0	-10	30
19:00	2	10	0	-10	20
20:00	1	5	0	-5	15
21:00	1	5	0	-5	10
22:00	1	5	0	-5	5
23:00	1	5	0	-5	5
	100	500	500	0	700

El volumen necesario es : $V = V_{máximo} - V_{mínimo} = 40m^3 - (-65m^3) = 105\ m^3$

A este volumen se le añadiría la reserva de incendios pertinente.

Reserva de incendios

En el apartado 2.7 se apuntaba la necesidad de establecer una reserva de incendios. El volumen de esta reserva se obtiene discutiendo con la comunidad y las personas responsables en caso de incendio. La construcción del depósito debe respetar esta reserva en la medida de lo posible de manera que esté siempre disponible. El mayor desafío es mantenerla durante las operaciones de limpieza del depósito. Lo ideal es contar con depósitos de doble cámara, en la que una cámara mantiene el servicio y una reserva de incendios mientras la otra se limpia.

La disposición de las tuberías es fundamental, de manera que la reserva de incendios no se pueda consumir en condiciones normales a través de la tubería de servicio de la red.

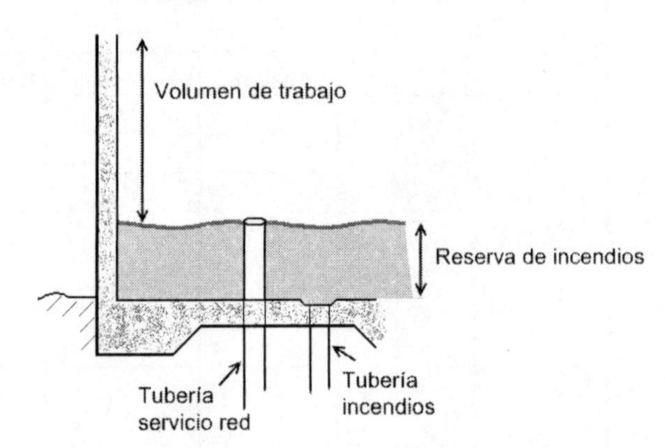

12. 2 BOMBA DE ARIETE (Hydraulic ram)

La bomba de ariete es una bomba que utiliza la energía del agua que cae para bombear. En los proyectos de gravedad esto abre una posibilidad muy interesante, la de servir a consumidores que estén por encima de la fuente sin necesidad de gastos de bombeo.

Funcionamiento

La bomba tiene una tubería de alimentación por la que entra agua y una tubería de impulsión por la que se bombea. El agua que cae desde una cierta altura va adquiriendo velocidad hasta que es capaz de vencer la resistencia al cierre de la válvula antirretorno principal. Cuando esto ocurre la columna de agua se para en seco y busca la única vía de expansión posible hacia la cámara de aire. Abre la segunda válvula antirretorno y de allí el agua pasa a la tubería de impulsión empujando toda la columna de agua existente hasta perder totalmente su energía.

En este momento empieza una caída de la columna de agua bombeada que cierra la segunda válvula antirretorno manteniendo la altura adquirida. El resorte vuelve a abrir la valvula antirretorno principal y el agua en la tubería vuelve a circular a través del desagüe acelerándose poco a poco. Cuando nuevamente ha alcanzado la velocidad suficiente para arrastrar la válvula antirretorno principal al cierre, se vuelve a repetir el ciclo. Es una bomba que bombea por pulsos. La cámara de aire sirve de amortiguador para disminuir la presión que soportan los elementos.

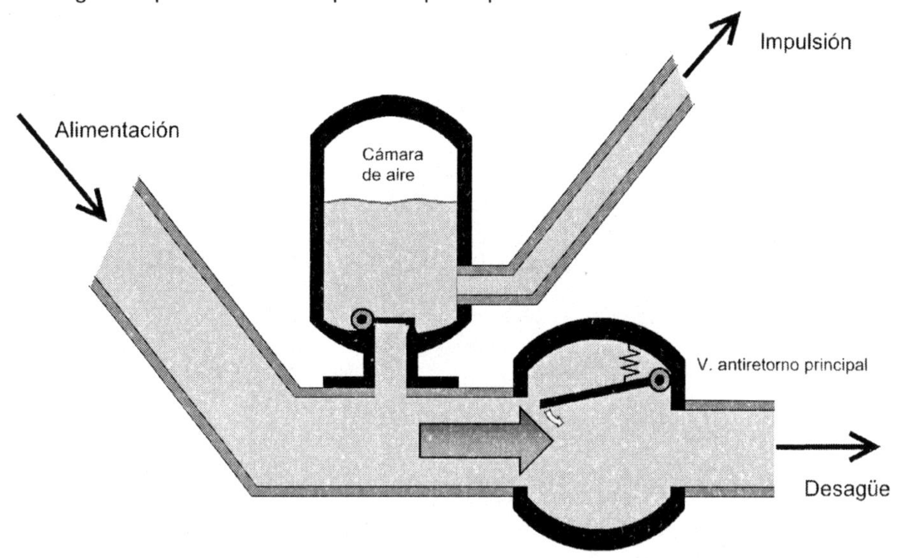

Aunque no es buena idea explotar todo el caudal de una fuente, si es posible utilizar todo el caudal durante un centenar de metros para alimentar una bomba de ariete y devolverlo en gran parte a través del desagüe.

Dimensionado

Las bombas de ariete caseras tienen rendimientos muy inferiores a las manufacturadas. Para seleccionar la bomba necesaria lo mejor es que consultes al fabricante. Necesitarás especificar:

- Cuántos litros al día se necesita bombear
- Qué caudal de alimentación hay disponible
- A qué altura tiene que bombear
- Qué altura hay disponible en la tubería de alimentación.

12. 3 TANQUE DE RUPTURA DE PRESION

Es un componente destinado a disipar presión y se ha comentado muy brevemente en el apartado 5.3. Cuando el desnivel es muy grande, la presión acumulada pone en peligro las tuberías y vuelve el sistema incómodo y peligroso.

De la misma manera que una rueda pierde la presión cuando se pincha (apertura a la atmósfera) una tubería que desemboca en un recipiente abierto también pierde toda la presión. Consiste en un tanque con una línea de entrada y una de salida. La línea de entrada tiene una válvula de flotador para cortar el flujo cuando no hay demanda. La línea de salida es libre.

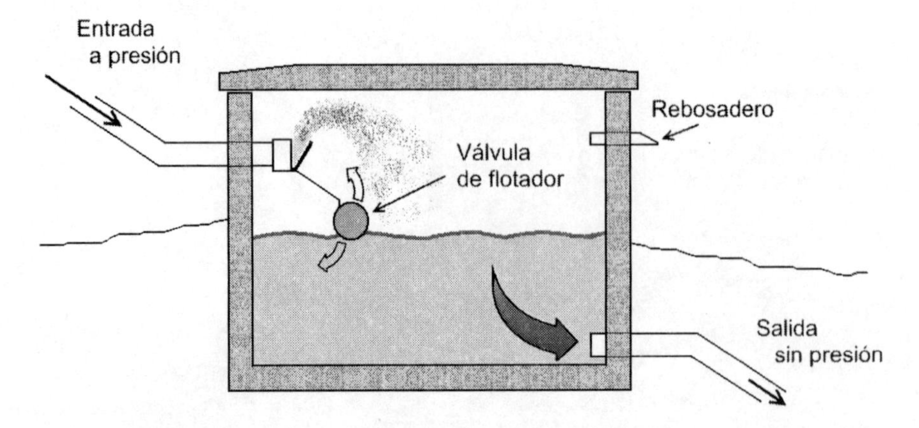

No hay un tamaño mínimo, pero un volumen de un 1 ó $2m^3$ permite una regulación del flujo menos brusca y mayor vida a la válvula de flotador. Generalmente es difícil encontrar válvulas de flotador mayores de 50mm. La instalación de un reductor permite instalar válvulas menores.

El chorro de entrada puede deterioriorar el hormigón o el aparejo de piedra, lavando poco a poco el cemento. Cuando el tanque está medio lleno, el chorro debe caer en agua. Cuando está casi vacío, contra una piedra plana (pe. pizarra) encastrada en la estructura.

12. 4 VALVULAS DE AIRE

Las válvulas de aire se han descrito en el apartado 9.3 y a lo largo del libro. Sirven para evacuar el aire que se acumula en los puntos altos. Sin embargo, son caras y complicadas de obtener y no todos los puntos altos requieren una:

- Las tomas solucionan el problema con un respiradero.
- En puntos altos que coincidan con un punto de consumo, el aire se evacua a través de los grifos.
- La configuración de las tuberías puede conseguir eliminar los acúmulos de aire por sí solas.

Los puntos elevados más próximos a la línea de pendiente hidráulica son los más problemáticos, ya que la presión para vencer obstáculos es menor y porque las burbujas son más grandes a menor presión.

Evaluando la necesidad de una válvula de aire

Si se llena una tubería nueva, el agua pasa el primer punto alto y cae hasta el primer valle. Cuando el valle se ha llenado más allá del diámetro de la tubería el aire queda atrapado formando un tapón de aire. La presión a la que está sometido el tapón es la diferencia de altura entre la fuente y el comienzo del tapón y se llama **presión compresiva**.

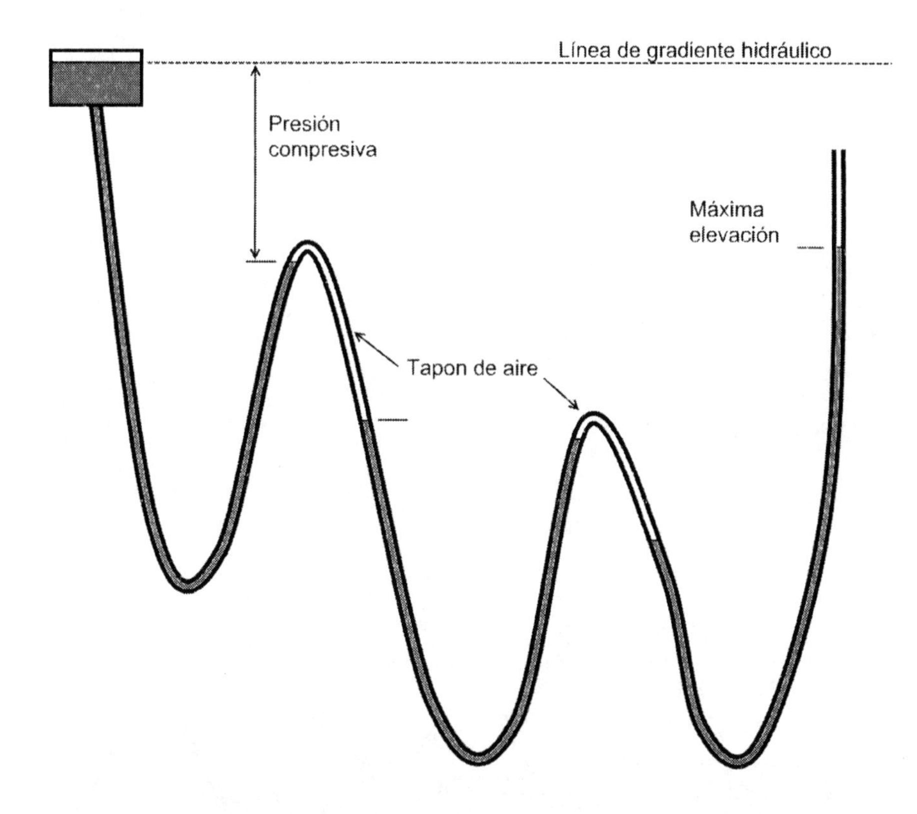

Si el bloqueo no es completo y un pequeño caudal logra pasar el tapón, lo irá disolviendo poco a poco hasta eliminarlo. Para que el caudal pase, la **máxima elevación** tiene que estar más alta que el punto de descarga. El aire en los tapones no pesa y por tanto la altura que ocupen los tapones es presión perdida que disminuye la cota de la máxima elevación. El proceso para tener en cuenta esta pérdida de presión se muestra a continuación. Presta atención porque aunque es fácil es algo lioso:

1. Comienza determinando dónde estarían los tapones que iría encontrando el agua que desciende por la tubería. Empieza el análisis por el primero de ellos.

2. Calcula el volumen de aire que quedará atrapado, V_0, multiplicando la longitud entre el punto alto A y el punto bajo B por el diámetro interior (ver Anexo B).

3. Determina la pérdida de carga que corresponde a un flujo mínimo de 0,1 l/s.

4. La resta de la pérdida de carga de la presión estática, es la presión compresiva, Pc.

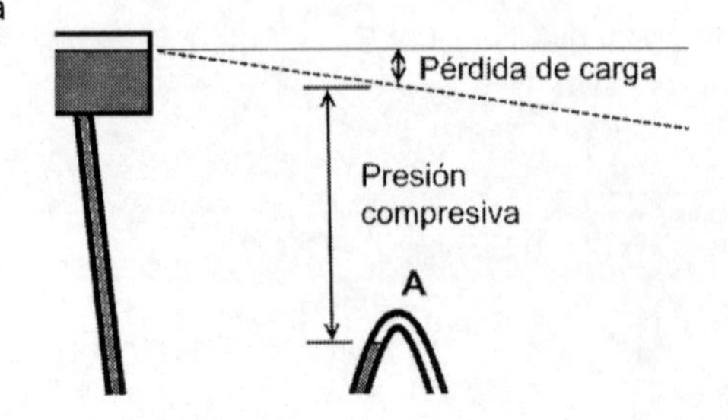

5. Calcula la presión, en kg/cm^2, en el tapón de aire: $P_1 = (0,1 * Pc) + 1$

6. Calcula el volumen del tapón: $V = V_0 / P_1$

7. Si Z es el volumen que contine un metro de tubería, calcula la longitud de tubería que contendrá el tapón: L = V / Z

8. Con esta longitud, puedes localizar el final del tapón, *f* en el esquema inicial, y determinar su cota.

9. La presión compresiva del segundo tapón es la diferencia de altura entre el final del primer tapón y el comienzo del segundo menos la pérdida de carga de este tramo.

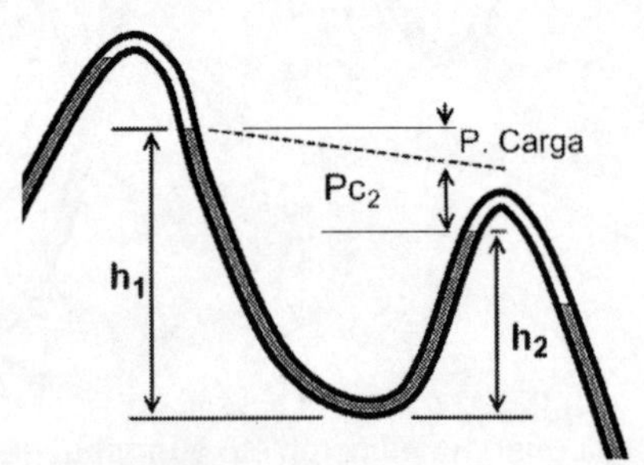

10. La presión del segundo tapón, P_2, es: $P_2 = P_1 + 0,1\,(h_1 - h_2)$

11. Repite los pasos 6 y 7 y continúa así cíclicamente con todos los tapones hasta determinar la cota y la presión del último tapón, P_x.

12. Calcula la altura equivalente de este último tapón: $h_e = 10\,(P_x - 1)$

13. Calcula la pérdida de carga desde el primer tapón hasta el final de la tubería. Restándola a h_e y añadiendo la cota del fin del primer tapón, obtienes la máxima elevación, E_m.

Si E_m está más alto que el final de la tubería los tapones de aire desaparecerán sin necesidad de válvulas de aire. En caso contrario prueba a aumentar el diámetro del tramo de tubería que contiene los tapones y repite el cálculo. Si aun así no obtienes resultados, instala una válvula de aire en el tapón más alto y repite el cálculo.

Ejemplo de cálculo:

Los cálculos del sistema gravitatorio del gráfico han determinado que la tubería necesaria para todo el trayecto es PEAD PN10 de 63mm. Determina si se deben instalar válvulas de aire:

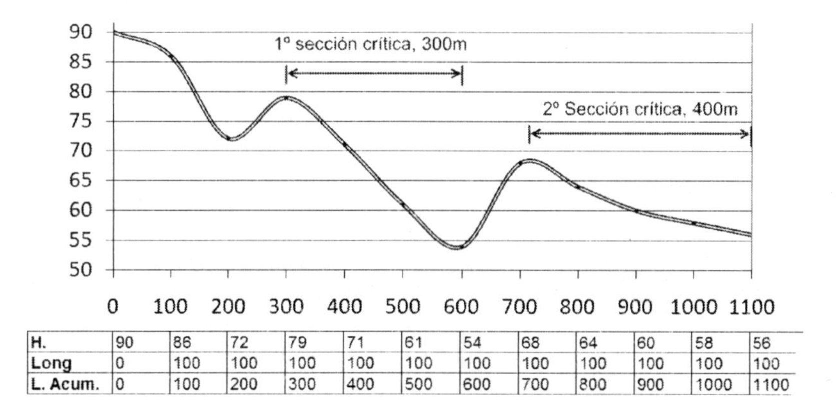

H.	90	86	72	79	71	61	54	68	64	60	58	56
Long	0	100	100	100	100	100	100	100	100	100	100	100
L. Acum.	0	100	200	300	400	500	600	700	800	900	1000	1100

(Paso 1). Las secciones críticas están marcadas en el gráfico.

(Paso 2). El diámetro interior del PEAD utilizado es 55,4mm. Utilizando decímetros para obtener litros ($1l = 1dm^3$), el volumen de aire que queda atrapado en cada sección crítica es:

V por metro lineal = $\pi\ d^2/4 * 1m = 3{,}14 * 0{,}544^2 dm^2/4 * 10dm = 2{,}4$ litros

V de la 1º sección crítica = 300m * 2,4l = 722,8 litros

V de la 2º sección crítica = 400m * 2,4l = 960 litros

(Paso 3). La pérdida de carga de 0,1 l/s en la tubería es 0.

(Paso 4). La presión compresiva es: Pc_1= (90m – 78m) – 0m = 12m.

Análisis del primer tapón:

(Paso 5). La presión del tapón es: $P_1 = (0{,}1 * 12) + 1 = 2{,}2\ kg/cm^2$

(Paso 6). El volumen comprimido del tapón es: V = 722,8 / 2,2 = 328,54 litros

(Paso 7). La longitud equivalente es 328,54 litros / 2,4 litros/m = 136,9m

(Paso 8). Del perfil se obtiene que la cota del punto a 136,9 m del pico es aproximadamente 67m.

Análisis del segundo tapón (Paso 11):

$Pc_2 = (67m - 68m) - 0m = -1m$

$P_2 = (0{,}1 * (-1)) + 1 = 0{,}9\ kg/cm^2$

$V_2 = 960 / 0{,}9 = 1066{,}66$ litros

$L_2 = 1066{,}66 / 2{,}4 = 444{,}\ 44m$

La cota del punto 444,44m aguas abajo del segundo pico es aproximadamente 55m (esta fuera del gráfico).

(Paso 12). La altura equivalente es: $h_e = 10\ (0{,}9 - 1) = -1m$

(Paso 13). La pérdida de carga total es 0m. La máxima elevación es $E_m = -1m - 0m + 55m = 54m$.

Como 54m < 56m, el aire es un problema. Si un cambio de tubería en las secciones críticas no cambiara esta relación, se debería instalar una válvula de aire en el primer pico y volver a calcular, aunque se deja aquí el ejemplo para no alargarlo más.

12. 5 DESAGÜES

Los desagües se colocan en los puntos bajos del recorrido de una tubería y sirven para vaciarla en caso de avería o para eliminar los sedimentos que se acumulan en las partes bajas. La cantidad de agua que puede tener una tuberías es importante. Una tubería de tan sólo 63mm de 1 km de longitud contiene 24.000 litros.

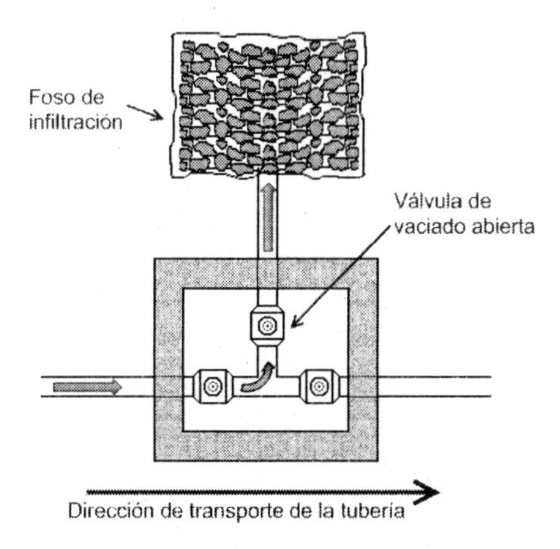

Al vaciarla, el agua debe ser capaz de perderse sin dañar nada, ya sea a través de algún curso existente o vaciándola en un foso de infiltración.

Las tres válvulas permiten decidir qué tramo de tubería se vacía, si la derecha la izquierda o ambos, y permiten cortar el paso en caso de avería de la válvula que va al desagüe.

12. 6 FOSOS DE INFILTRACION

El agua empantanada empeora las condiciones de salud de una zona. Para evitar encharcamiento, el agua sobrante de desagües y fuentes públicas debe conducirse hasta un foso relleno de piedras. Allí, se va infiltrando lentamente en el terreno sin crear problemas de salud.

La imagen muestra el foso de infiltración al que va conectado el rebosadero de un depósito en fase construcción. Encima de las piedras ira una membrana que se recubrirá al menos 0,5m con material excavado. En la mayoría de ocasiones, no es necesario construir un aparejo de piedra a hueso.

Para determinar su tamaño, se realiza un test de infiltración de agua con el terreno saturado. Para ello se coloca una tubería verticalmente en el suelo, se introduce medio metro de agua y se mide cuánto tiempo tarda en absorber la mitad del volumen. Esto permite calcular la tasa de infiltración (l/s por m^2).

Para determinar la superficie necesaria, sólo se contabilizan las paredes verticales. La velocidad de absorción debe ser similar a la de entrada de agua en el foso. En el caso de caudales muy altos de corta duración (vaciado de una tubería) el foso se calcula de manera que el volumen sea suficiente para recoger todo el agua. La forma que tiene mayor superficie de absorción por m^3 de excavación es una zanja estrecha.

12. 7 CAJAS DE VALVULAS

La caja de válvulas es una estructura que protege a las válvulas de la manipulación no deseada. Las cajas deben sobresalir al menos 10cm del suelo para evitar que se llenen de agua con las lluvias. Para evacuar fugas no tienen suelo, sino una capa de grava. Las cajas tradicionales, deben ser lo suficientemente grandes como para permitir operaciones de mantenimiento.

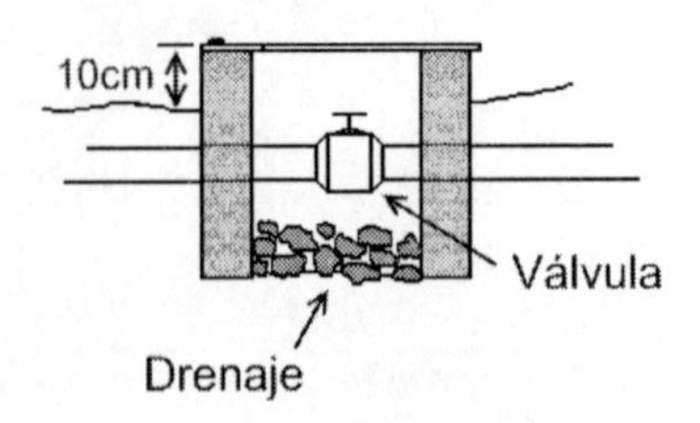

Cajas de aparejo

Son fáciles y rápidas de construir. Sólo los 40 cm superiores necesita cemento, el resto puede ser a hueso.

Cajas de hormigón

Son lentas y más caras. Generalmente sólo vale la pena construirlas en grandes números utilizando moldes:

Fig. 12.6. Molde de una caja de válvulas en hormigón.

Una posibilidad interesante es utilizar la caja de válvulas como bloque de restricción.

Cajas de tubería de hierro

Esta es una alternativa muy interesante por la rapidez de construcción y el bajo costo. La tubería de hierro galvanizado que hace de caja sobresale 10cm del suelo y va tapada con un tapón de fin de línea roscado. Tiene dos ranuras que permiten que vaya a caballo en la tubería de agua. Para operar la tubería se utiliza una herramienta casera de HG con dos protuberancias. Estas se encajan en el volante de la válvula y transmiten el giro.

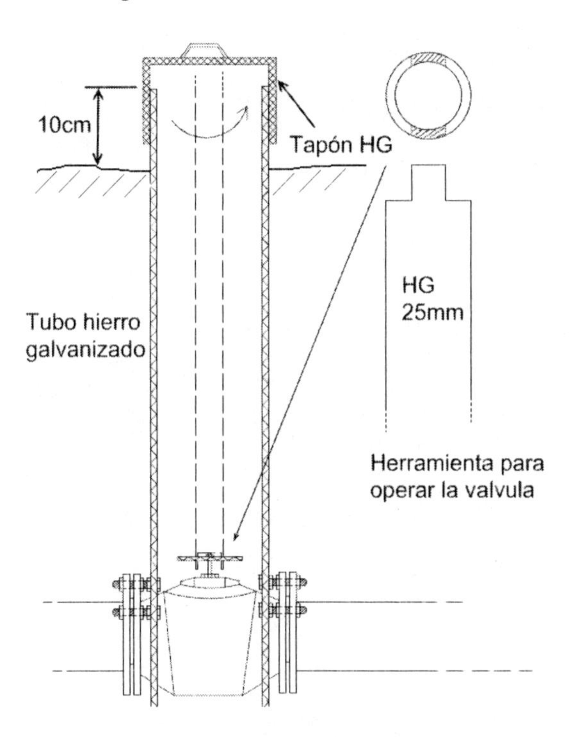

12. 8 FUENTES PUBLICAS

Esta es la parte que está en contacto con el usuario. Es muy variable y cada comunidad tiene claro que tipo de estructura quiere. A la hora de determinar las necesidades, se planifica un grifo con un caudal mínimo de 0,25 l/s cada 150 personas. Una vez construida la fuente, requiere muy poco esfuerzo y material añadir grifos extra, lo que mejora sustancialmente el servicio.

La localización es importante, con distancias de menos de 300m a los usuarios. En climas calurosos se buscarán zonas con sombra y en climas fríos con sol. Busca zonas que faciliten el drenaje natural. La capacidad para encharcar es sorprendente.

Un sólo grifo puede generar charcos enormes:

Para evitarlo, cada fuente debe llevar un foso de infiltración. Una losa de hormigón permeable encima del foso de infiltración permite que el encharcamiento sea inexistente.

La fuente es también la parte más abusada del sistema. Las estructuras necesitan ser robustas:

Un aspecto que se olvida frecuentemente es una plataforma elevada sobre la que apoyar los recipientes. Levantar 20kg de agua desde el suelo o desde 60cm es muy diferente, sobretodo si se es un niño, un anciano, una persona debilitada por el sida o simplemente se tiene que hacer 8 ó 9 veces cada día durante muchos años.

Algunos modelos, lejos de ser perfectos:

13. Documentando el proyecto

Sin ánimo de ser exhaustivo y a modo de cajón desastre, he considerado interesante comentar rápidamente algunas ideas que pueden ser útiles.

13. 1 OBTENIENDO UN SALVOCONDUCTO

Como la inmensa mayoría de las personas, las autoridades y contrapartes con las que trabajes no podrán pasar más de 15 minutos sin estar en desacuerdo con algo y entre ellas. Esto que es tan humano puede retrasar enormemente un proyecto. El supervisor de la autoridad del agua de este lugar no está de acuerdo con esta forma de hacer tal cosa, el nuevo delegado del ACNUR no aprueba tal otra...

Tan pronto como tengas un diseño detallado con planos, haz que todos los implicados lo sellen y firmen su primera hoja. Esto evitará problemas en el futuro refiriendo a la persona que se oponga a algo a sus superiores o recordándole que en su día estaba de acuerdo.

13. 2 PLANOS

Rara vez se implementa exactamente lo que estaba en los planos; surgen imprevistos, se piensa en mejoras... Es muy importante incorporar todas esas modificaciones a un nuevo juego de planos, planos de lo construido realmente, e identificar claramente cuáles son planos de lo planeado y cuáles de lo construido.

Un tercer juego de planos es el de estudio, en otras palabras, el de enredo donde probar ideas y explicar modificaciones. Es muy importante que cada uno de estos 3 tipos de planos estén claramente diferenciados. Es muy frustrante encontrar que los únicos planos de la red que se tienen estan llenos de dibujos de modificaciones sin saber si las modificaciones son ideas o están implementadas en el terreno.

Es muy frecuente que toda la información de un sistema de agua se acabe perdiendo completamente. Cuando se quiere trabajar sobre él 20 años más tarde, ningún papel aparece. Piensa en incluir una caja negra con todos los planos y detalles de lo construido en algún punto seguro y visible del proyecto. Para que esta caja negra sea efectiva debe tener que destruirse para acceder a los documentos. Si está disponible sin más, se utilizará en la primera ocasión que alguien haya transpapelado momentaneamente algún documento.

13. 3 LIBRO DE NUDOS

Un libro de nudos es una colección de esquemas de cada punto de una red que lleva algún accesorio (nudo). Estos puntos se suelen numerar consecutivamente aguas abajo:

NODE 140

Product	Material	DN	Connection	Note	Qty	Total
Tee	GI	100*100*100 mm	Triple flange		1	1
Flange adaptor	Metal	100 mm		For PVC class D	2	2
Flange adaptor	Metal	50 mm		For PVC class D	1	1
Reducer	GI	100 to 50 mm	Double flange		1	1
Elbow45'	PVC class D	100 mm	Double socket		2	2
Gate valve		50 mm	Double flange		1	1
					8	8

NODE 154-165

Product	Material	DN	Connection	Note	Qty	Total
Tee	GI	150*150*50 mm	Double socket single flange in branch		1	12
Gate valve		50 mm	Double flange		1	12
Flange adaptor	Metal	50 mm	Flange connection	For PVC class D	1	12

Fig. 13.4. Extracto del libro de nudos Proja Jadid, Afganistán.

El libro de nudos es uno de los documentos más útiles. No necesitas que esté todo delineado con AUTOCAD, una simple hoja excel con un esquema vale. El esquema lo puedes realizar rápidamente rotando, cortando y pegando unos símbolos básicos con un programa simple de dibujo como Paint:

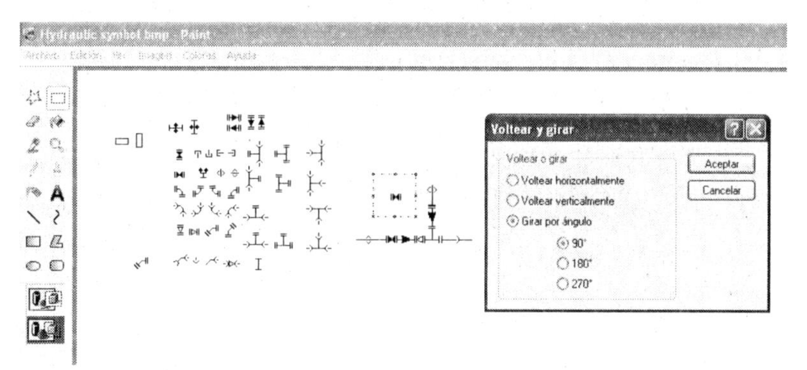

Fig. 13.4b. Construyendo un esquema con Paint. Rotación de una válvula.

Puedes descargar el fichero base en www.gravitatorio.es/descargas/simbolos.jpg. Los dos últimos iconos sirven para pegar de forma transparente o borrando todo lo de debajo.

13. 4 SIMBOLOS HIDRAULICOS SIMPLIFICADOS

Desafortunadamente, algunos símbolos hidráulicos en toda regla pueden llegar a ser muy complicados. Afortunadamente no necesitas ese rigor para gran cosa, ya que los libros de nodo llevan un listado de componentes y es muy sencillo identificar qué es cada cosa. Así, te propongo usar una versión descafeinada e intuitiva de los símbolos que, sin embargo, comparte la mayoría de símbolos con la versión rigurosa y es fácilmente interpretable por cualquier técnico.

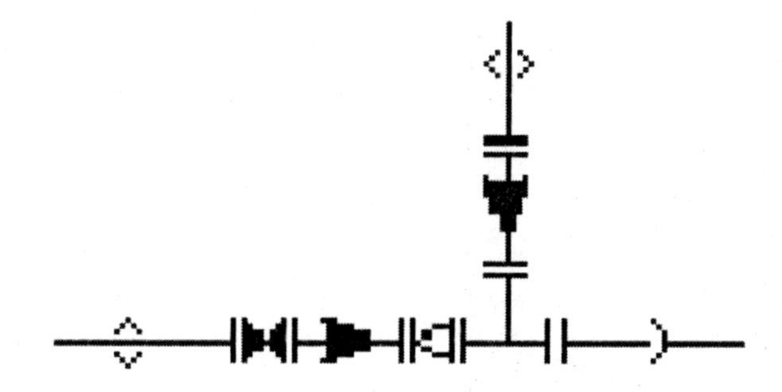

Con los símbolos de la página siguiente puedes cubrir el 95% de los accesorios.

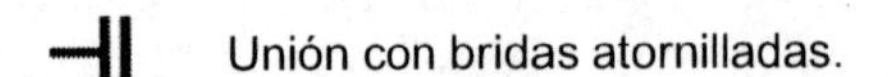

Unión con bridas atornilladas.

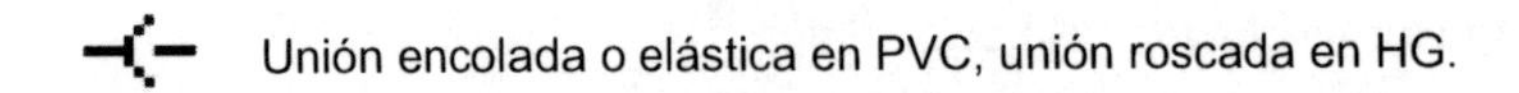

Unión encolada o elástica en PVC, unión roscada en HG.

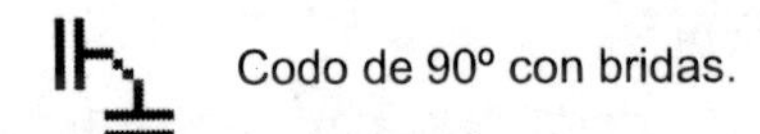

Codo de 90º con bridas.

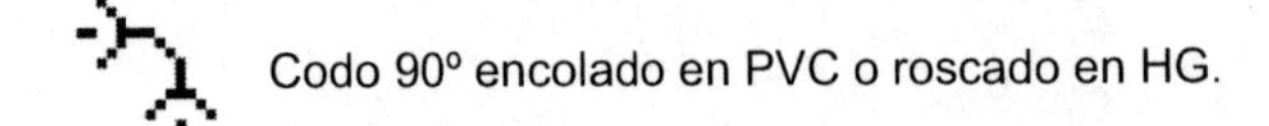

Codo 90º encolado en PVC o roscado en HG.

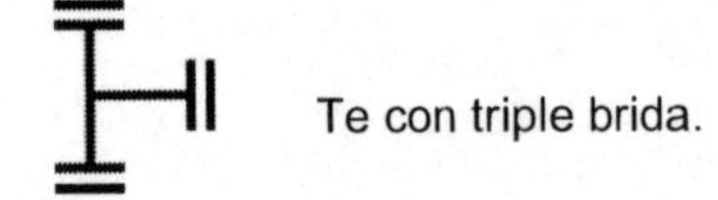

Te con triple brida.

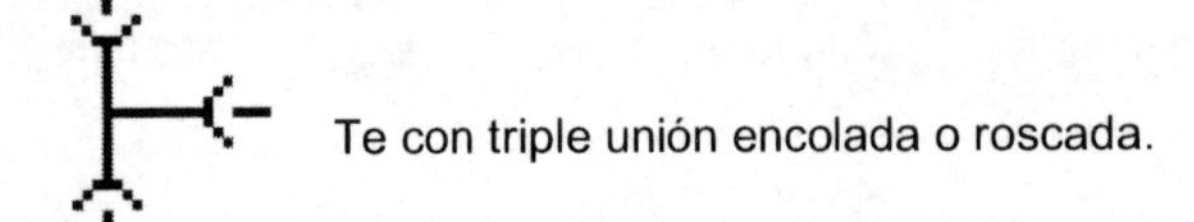

Te con triple unión encolada o roscada.

Válvula antirretorno (bridas). Dirección del flujo ←.

Reductor. Muy parecido a la válvula antirretorno pero sin relleno.

Válvula de apertura cierre (de compuerta, bola…).

Tapón, fin de línea.

Coupling o unión.

Válvula de aire.

Manguito, trozo corto de tubería.

A continuación, se muestra la pinta que tiene un esquema de un nudo utilizando estos símbolos:

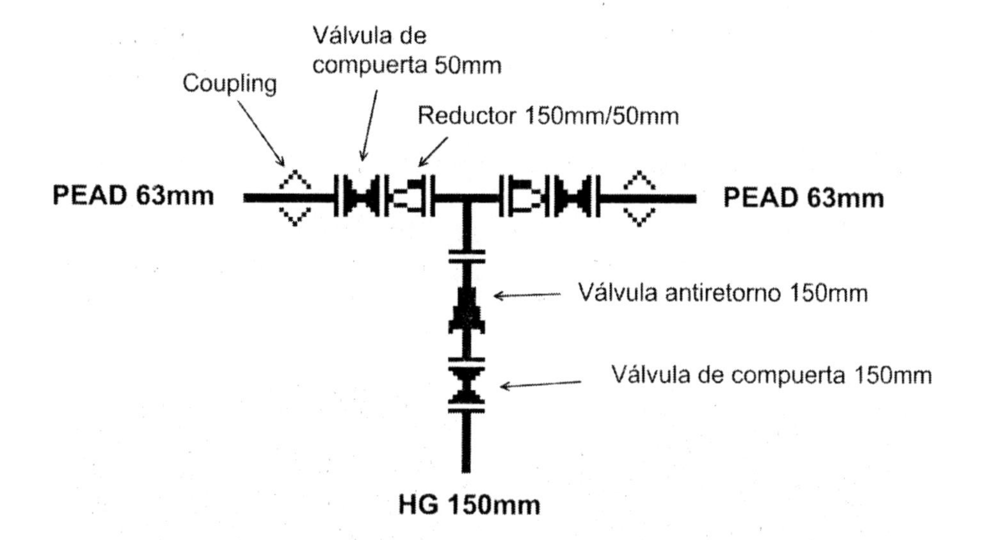

14. Aspectos económicos

14. 1 INTRODUCCION

Si los aspectos hidráulicos son importantes para que el servicio exista, los aspectos económicos son determinantes y la diferencia entre que una red sea otro amasijo de chatarra humanitaria o un servicio clave que potencia el desarrollo social y económico de una comunidad.

La evaluación económica trata de responder a cuestiones como:

- ¿Cuál de las distintas alternativas es más barata de construir?
- ¿Cuál será más barata en el funcionamiento diario?
- ¿Pueden asumir las poblaciones ese gasto de operación?
- ¿Podrán hacer frente a los pagos para evitar que las instalaciones se queden obsoletas?

Los sistemas de agua por gravedad suelen tener gastos de funcionamiento casi nulos. Sin embargo, **no son completamente gratuitos de operar y tienen un gasto anual de amortización considerable.** La gratuidad de estos sistemas es un mito que frecuentemente acaba justificando proyectos sin sentido. Estos proyectos tienen una inversión inicial que debe repartirse entre los distintos años de la vida útil. Aún en el caso de que estén completamente financiados por un donante tienen un coste para la población en el sentido que el dinero invertido en ellos no se puede invertir en otras necesidades que puedan tener.

Objetivos

- Determinar cuál de las alternativas posibles alcanza el resultado deseado con el menor costo en recursos.

- Comprobar que el coste de funcionamiento de la alternativa está dentro de lo que los usuarios estarían dispuestos a pagar y es por tanto sostenible una vez el donante haya desaparecido.

14. 2 DESPROPOSITOS COMUNES

Aparte de la completa ausencia de evaluación económica, los tres desatinos más comunes respecto a temas económicos son:

1. **La "Economía de la Abuela".** Se trata de la obsesión por ahorrar proponiendo actividades que en realidad son una pérdida de esfuerzo y dinero, comprometen los resultados generales y que desesperan y desmotivan a todos los implicados. Con este enfoque lo más importante es ir arañando dinero de donde se puede para lograr que los gastos sean pequeños.

2. **El "Despotismo económico".** Se trata de pensar que todo está determinado económicamente. Para evitar polémicas, diremos que aun en el caso de que todo esté determinado económicamente, nuestra capacidad de medirlo es bastante limitada. Por ejemplo, ¿qué valor tiene la educación de una persona? Un dólar, ¿tiene realmente el mismo valor para un occidental medio que para una persona bajo el umbral de pobreza? Y sin embargo ambos dólares compran la misma cantidad de patatas. ¿Qué es lo que falla? Guiarse por aspectos de pura eficiencia con fanatismo es desconsiderado en el mejor de los casos porque obvia mucho de lo que es realmente valioso para las personas.

3. **Los cálculos vagos de ideas difusas.** Se trata de calcular y presupuestar cosas que apenas están definidas. Para ver lo que algo cuesta se debe tener clara la naturaleza de ese algo. Tantos km de tal tubería, tantas válvulas de tal tipo, tantos camiones de arena... Calcular lo que cuesta "una red de agua" sin más detalle que ése, es como calcular cuánto cuesta "un alimento". El diseño precede al presupuesto y no al contrario, como tantas veces ocurre en Cooperación. Planteamientos tipo "tenemos 200.000 dólares *calculo* que da para una red", traicionan y despeluchan los resultados.

14. 3 DISPONIBILIDAD PARA PAGAR

Uno de los objetivos fundamentales de la evaluación económica es comprobar que el coste de funcionamiento de la alternativa está dentro de lo que los usuarios estarían dispuestos a pagar y es por tanto, sostenible una vez el donante haya desaparecido.

Es decir, la decisión si las facturas de inversión y funcionamiento son aceptables no cae en la persona que diseña sino en los usuarios. Es por tanto importante que la persona que toma las decisiones pueda comunicarse adecuadamente con los futuros usuarios.

A veces la información está tan al alcance de la mano como averiguar el coste de sistemas tradicionales:

Las técnicas para averiguar cuánto pagaría una persona quedan fuera del alcance de este libro, pero un buen lugar para comenzar es *Willingness-to-pay surveys* publicado por WEDC en inglés y descargable de manera gratuita en su web:
http://wedc.lboro.ac.uk/publications/details.php?book=1%2084380%20014%204

14. 4 FACTURAS

Toda actividad genera dos tipos de facturas. La **factura por inversión** es la factura por compra de equipos o la instalación de la red. La **factura por funcionamiento** resume los costes del día a día.

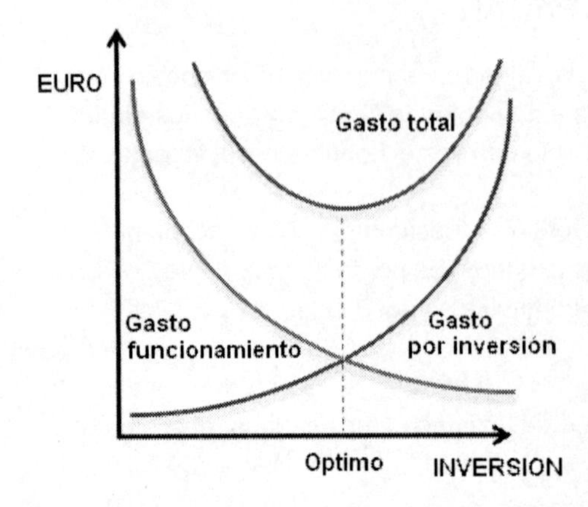

Generalmente, a medida que aumenta el gasto por inversión, (por ejemplo, construyendo tomas filtrantes) disminuye el gasto por funcionamiento (químicos para el tratamiento del agua). La solución más económica es aquella que minimiza la suma de ambas facturas, el punto más bajo de la curva de Gasto total.

Factura por inversión

Depende en gran medida de la vida media que se estime para el proyecto. La estimación de una factura anual no es directa ya que el dinero cambia de valor con el tiempo:

- El interés bancario. El dinero que se utiliza en algo ya no puede invertirse para conseguir más dinero. El decir, una cantidad gastada para costear un proyecto no puede tenerse a la vez en el banco generando interés.

- La inflación, es decir, el aumento del coste de un bien sin que aumente su valor. Por ejemplo, una barra de pan que en su día costaba 5 céntimos de euro ahora cuesta 60. El coste ha aumentado pero el valor del bien es el mismo.

Para poder sumar las facturas y ver qué suma es menor, se deben llevar al mismo instante, generalmente el principio del proyecto. El procedimiento es el siguiente:

1. Averigua el **interés i** que te daría un banco por depositar una cantidad semejante y transfórmala en tanto por 1. Por ejemplo un 3% → i = 0,03.

2. Intuye cuál puede ser la **inflación s** del periodo considerado. Puedes mirar algunos años en los datos del Banco mundial y echarle tu mejor cálculo: http://go.worldbank.org/WLW1HK71Q0.
   Intúyela porque no es posible saber cómo va a evolucionar en el futuro. Este será tu parámetro **s**, también en tanto por uno.

3. Calcula la **tasa de interés real r**. Esta tasa tiene en cuenta el interés y la inflación. Si la inflación es mayor que lo que daría un banco, el dinero vale más en el presente que lo que valdría en el futuro. Si son iguales, mantiene el valor y si el interés del banco es mayor que la inflación, el valor del dinero irá aumentando. Se calcula mediante relación:

$$r = \frac{1+i}{1+s} - 1$$

4. Calcula el **factor de amortización a_t** para T años:

$$a_t = \frac{(1+r)^T * r}{(1+r)^T - 1}$$

5. El coste anual que tiene la inversión, F, de una suma M es:

$$F = M * a_t$$

Ejemplo de cálculo:

Una red de abastecimiento de agua presupuestada en 100.000 Euros y diseñada a 30 años se evalúa en Uzastán, donde los bancos prestan el dinero al 5% y la inflación de los últimos 4 años ha sido:

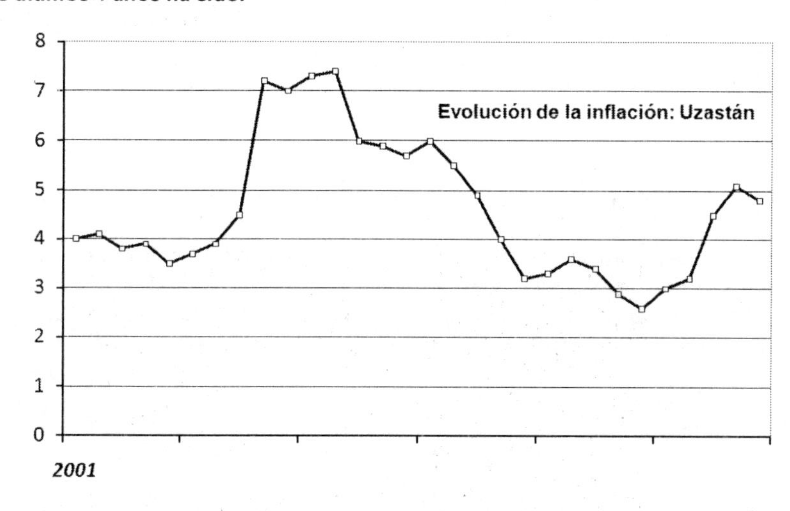

El interés es i = 0,05 y la inflación la estimo en el 4,5%, luego s = 0,045.

La tasa de interés real es: $r = \frac{1+i}{1+s} - 1 = \frac{1+0{,}05}{1+0{,}045} - 1 = 0{,}00478$

El factor de amortización es:

$$a_t = \frac{(1+r)^T * r}{(1+r)^T - 1} = \frac{(1+0{,}00478)^{30} * 0{,}00478}{(1+0{,}00478)^{30} - 1} = 0{,}03586$$

La factura anual es F = 100.000 Euros * 0,03586 $años^{-1}$ = 3586,24 Euros/año, aproximadamente 3586 Euros/año.

Observa que es diferente a 100.000 Euros/ 30 años =3333,33 Euros/ año. Eso se debe a que el valor corregido de la inversión, llamado **valor presente** es F * 30 años = 107.587 Euros y no los 100.000 euros de la inversión.

Factura por mantenimiento

Frecuentemente se debe comparar un sistema gravitatorio con uno por bombeo. En los sistemas de agua que no son por gravedad el gasto principal es el bombeo, seguido probablemente del tratamiento del agua. Conceptualmente esta factura es mucho más simple de elaborar; es un inventario de todos los gastos que incurrirá la red en un año de funcionamiento. Dicho esto, hay algunos costes muy escurridizos, por ejemplo, las averías. En Cooperación, rara vez las decisiones económicas van a ser tan justas, las averías son gastos comparativamente menores en sistemas correctamente diseñados y normalmente hay otros criterios que en márgenes estrechos se impondrán. Mi consejo es que directamente no las tomes en consideración.

Ejemplo de cálculo:

Una estación de bombeo llena un tanque desde el que se abastece la ciudad. La bomba hace llegar 10 l/s al tanque y consume 7,2 kWh según el fabricante. La población abastecida es de 1000 personas y se ha establecido que cada habitante recibirá 50 litros diarios. El precio del kWh es de 2 Euros y no varía durante el día.

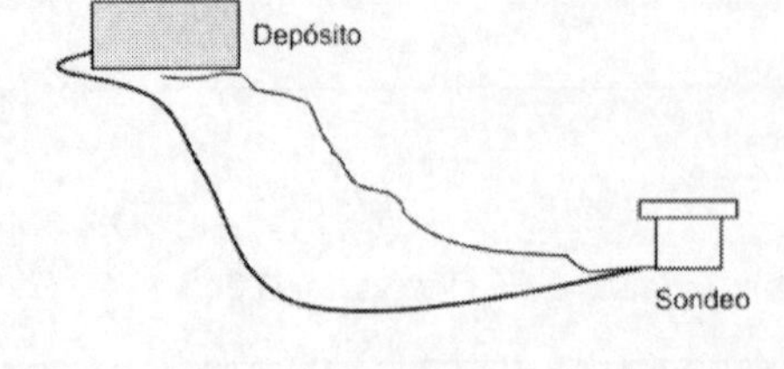

En una hora, la estación bombeará 10 l/s * 3600 s /h * 1 m^3/1000 litros = 36 m^3/h.

El coste de bombeo por hora será 7,2 kWh * 2 Euros = 14,4 Euros/hora

El coste por m^3, 14,4 Euros/h / 36 m^3 /h = 0,4 Eur/m^3

El consumo anual es: 365 días * 1000 hab * 50 l/hab*día * 1 m^3/1000 litros = 18250 m^3.

Y el coste anual será 18250 m^3 * 0,4 Eur/m^3 = 7300 Eur.

Comparando económicamente alternativas

El procedimiento es averiguar la factura por inversión y por mantenimiento de cada una de ellas y ver qué suma es la más barata. Siguen algunos ejercicios:

Ejemplo de cálculo:

Sharhjaj está situado a 12km del río Singag en India, donde los bancos prestan el dinero al 2%. Se han planteado dos alternativas:

- ***a.*** ***Un proyecto gravitatorio desde el río con un presupuesto total de 120.000 Euros. La toma filtra el agua del río y se ha establecido que la dosis de cloro necesaria es 1,7 ppm. El precio del cloro HTH al 70% es de 7 eur/kg.***
- ***b.*** ***La construcción de un proyecto basado en un sondeo con un coste total de 59.000 euros. La curva del fabricante (GRUNDFOS) y las condiciones de bombeo se muestran a continuación. La electricidad proviene de la red del pueblo y tiene una tarifa de 0,2 eur/kWh.***

¿Qué alternativa es más rentable para 50.000m³ anuales de agua?

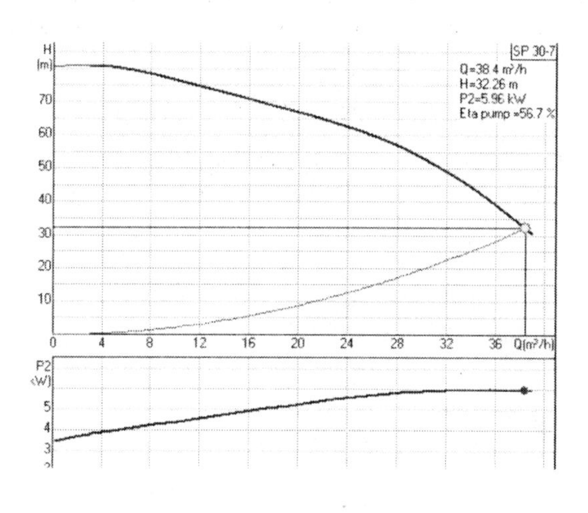

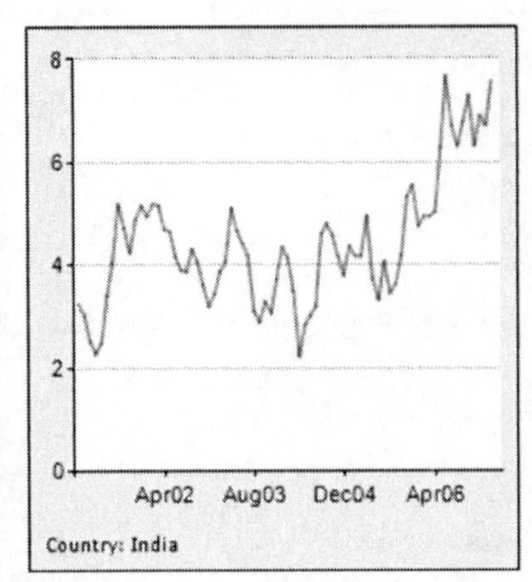

Aunque hay una tendencia al aumento en el último año, se puede decir que la inflación varía entorno al 4%. La factura anual es:

Interés bancos i	0,02
Inflación s	0,04
Periodo (años)	30
Inversión M	120000
Tasa de interés real r	-0,0192
Factor amortización at	0,02432472
Factura anual A	**2919**

Interés bancos i	0,02
Inflación s	0,04
Periodo (años)	30
Inversión M	59000
Tasa de interés real r	-0,0192
Factor amortización at	0,02432472
Factura anual B	**1435**

Factura por funcionamiento de la alternativa A. 1,7 ppm es lo mismo que 1,7 mg/l. Teniendo en cuenta que el cloro es al 70%, la cantidad que se necesita es:

50.000 m^3/año * 1,7 mg/l * 1.000 l/m^3 * 1kg/1.000.000 mg / 0,7 = 121,43 kg/año

121,43 kg/año * 7 Eur/kg = **850 Euros/año**

Factura por funcionamiento de la alternativa B. Los datos de la figura del fabricante son 38,4 m^3/h y 5,96 kWh. El número de horas de funcionamiento y el gasto en kWh son:

50.000 m^3/ año / 38,4 m^3/h = 1.302 horas/año

1.302 h/año * 5,96 kW * 0,2 Eur/kWh = **1.552 Euros/año**

Opción	**Gravedad**	**Sondeo**
Inversión	2919	1435
Funcionamiento	850	1552
TOTAL	**3769**	**2987**

A falta de otros criterios, el sondeo es la alternativa más deseable.

Ejemplo de cálculo:

Doomborale está situado a 6km del río Shabelle en Etiopía donde los bancos prestan el dinero al 4%. Nuevamente, se han planteado dos alternativas:

a. La rehabilitación de los canales hasta las cercanías del asentamiento con un presupuesto total de 45.000 Euros.

b. La construcción de una línea desde el río a una depresión natural existente. El consumo de la bomba se estima en 4.600 Euros anuales y la inversión 12.000 euros.

¿Qué alternativa es más rentable?

Según el banco mundial, la evolución de la inflación en los últimos años es la siguiente:

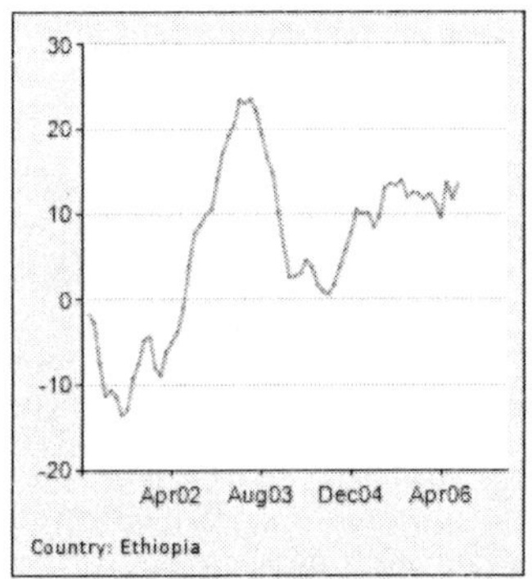

En aquellos países con inflación variable, prioriza la inversión inicial sobre cualquier gasto de funcionamiento. Por un lado, el dinero perderá rápidamente valor. Por otro lado, el coste de los productos, notablemente el combustible aumentará muy por encima de lo que los usuarios pueden pagar. El sistema dejará de funcionar justo cuando los usuarios son más vulnerables.

Por esta razón, y sin realizar más cálculos, se deben rehabilitar los canales.

14. 5 RANKING DE GASTOS

Dónde se gasta cuánto dinero al construir una red es algo que depende de su naturaleza. Algunos autores, como Stephenson, hacen un desglose genérico que reparte los gastos así: 55% de la inversión a tuberías, 25% excavación e instalación. En Cooperación, excluyendo gastos de estructura de la ONG y de acceso al agua (sondeos, etc.), las cifras que siguen son más cercanas a mi experiencia:

1º. Tuberías y accesorios	36%
2º. Excavaciones	31 %
3º. Lecho de arena	16%
4º. Cajas de válvulas (Hormigón)	11 %
5º. Instalación tuberías	5%

Aquí se pueden sacar algunas conclusiones interesantes. Los puntos 2, 3, 4 y 5 se pueden considerar relativamente independientes del diámetro de la tubería. Es decir, dos tercios de la inversión son independientes del diámetro de la tubería.

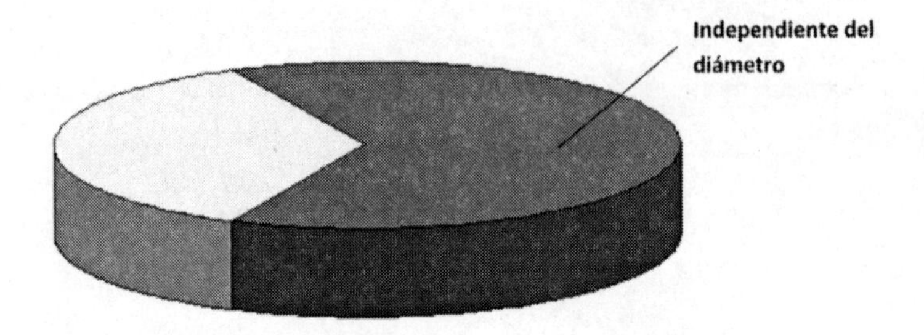

La conclusión es tan importante que merece su propio apartado.

14. 6 DIAMETROSIS SECA

Evidentemente éste no es un término ingenieril, más bien una maniobra mía para que recuerdes esta enfermedad de la que adolecen muchas redes de Cooperación al desarrollo, generalmente fruto de un enfoque "economía de la abuela" o de una imposición tipo *tiene que costar menos que X* (*para presentarlo a tal convocatoria*). Básicamente se intenta ahorrar en las tuberías limitando sus diámetros a lo estrictamente mínimo. El resultado son redes que apenas toleran errores de diseño o cambios de uso, que no son fácilmente ampliables, que dejan tirados a los usuarios en los momentos del día donde más necesitan el agua y que son costosas de operar. No es sorprendente que estas redes frecuentemente estén secas. Si se acompañan de ahorros en el material de protección de la tubería (lecho de arena) y en la excavación colocándolas muy superficiales el resultado no deja mucho margen para las felicitaciones.

Duplicar una línea porque no es capaz de transportar suficiente caudal sale bastante caro. En este ejemplo, se comparan 1.000 metros de una tubería de 200 mm, con dos de 160 y 125 mm que transportan la misma cantidad de agua. Fíjate que de 160 a 200 mm sólo hay un salto de diámetro.

Opción	**200mm**	**160mm+125mm**
Precio tubería	21.000	13.500+8.100
Otros (64%)	37.300	37.300+37.300
TOTAL (Euros)	**58.300**	**96.200**

14. 7 COSTO vs DIAMETRO

Tuberías y capacidad de transporte

Es frecuente pensar que las tuberías mayores transportan el l/s a menor precio. Sin embargo, esto no es cierto para las tuberías de plástico; el coste por capacidad de transporte instalada casi no varía con el diámetro, es una constante. Los dos gráficos que siguen muestran esta constancia para PVC (Uralita) y PEAD (Chresky), aproximadamente 1 euro/m lineal por cada l/s en PVC y 1,1 Eur/m para el PEAD.

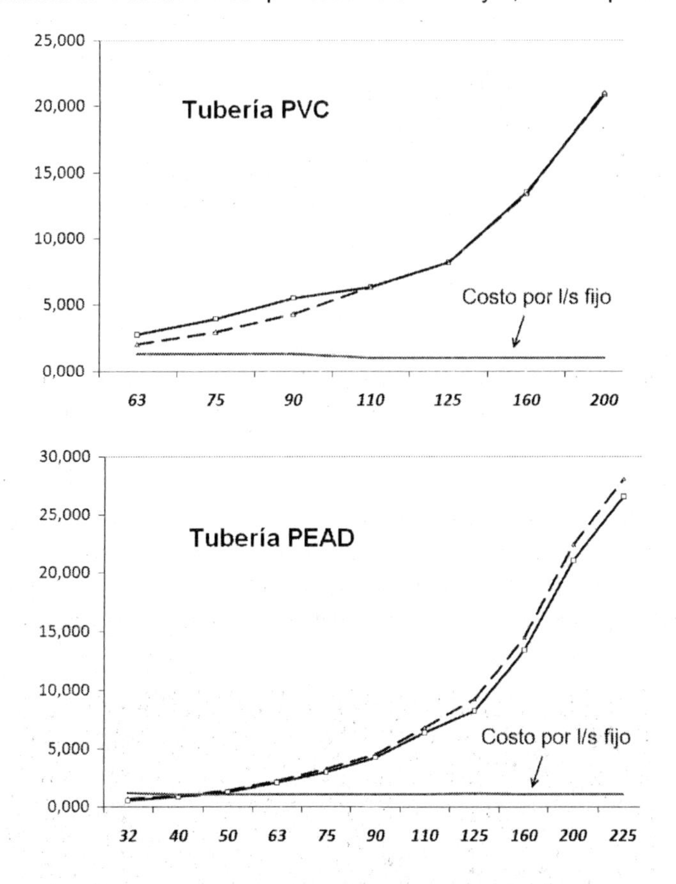

La capacidad de transporte de la tubería en l/s (continua) y el coste por metro (discontinua) aumentan en paralelo al aumentar el diámetro en ambos casos.

Accesorios

Un problema importante es que el precio de los accesorios, notablemente las válvulas, aumenta exponencialmente con el diámetro. Si una válvula de compuerta cuesta 11 USD para 1", cuesta 1.460 USD para 12". Puedes ver la evolución del precio con el diámetro en la gráfica que sigue.

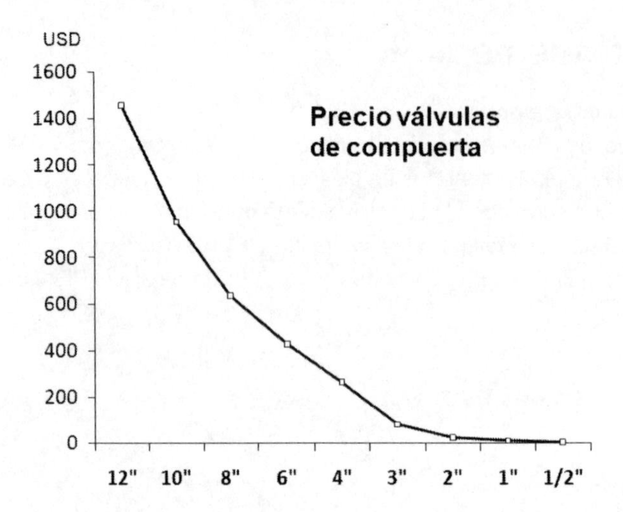

Cuanto mayor es el precio unitario de un artículo, menor es la probabilidad de que se reemplace. Aunque a priori no te pueda parecer gran cosa, sobretodo comparado con la inversión total del proyecto, ten en cuenta que 700 dólares en algunos contextos son muchos jornales. La consecuencia final es que, **el reemplazo de accesorios de control de diámetros mayores puede suponer un gran desafío a nivel de comunidad**.

En apariencia, la red puede seguir funcionando y es frecuente que las poblaciones no se percaten de sus consecuencias. Aunque no es tan evidente como el reemplazo de una bomba, que si se estropea no hay agua, las válvulas de compuerta suelen romper en el proceso de apertura o cierre, se quedan cerradas a medias y la reducción de la capacidad de transporte de la tubería disminuye de manera importante.

Contratando autoridades

Una última idea...

Cuando la autoridad responsable del abastecimiento de agua tiene muy pocos recursos humanos y financieros, una opción interesante es contratarla para los trabajos en lugar de compañías privadas. Con un margen de beneficio similar al de una compañía privada, el proyecto le supone una entrada de dinero. Al mismo tiempo, le permite contratar y reconstruir su personal y entrenarse con un ejercicio real.

Esta es una opción algo arriesgada, ya que en caso de conflicto se tiene con la autoridad. Es muy importante poner una cláusula en el contrato especificando que la parte contratante se reserva el derecho de disolver el contrato en cualquier momento pagando los trabajos realizados. Sin embargo, el impacto que se consigue cuando funciona merece en muchos casos el riesgo.

En la foto, se discute los detalles de un contrato de estas características con Ing. Patan, de la Autoridad del Agua de Kabul, una autoridad que en su día contaba con 36 ingenieros a tiempo completo y que en el momento del contrato sólo tenía uno.

En lugares remotos donde no hay una autoridad u organismo que se haga cargo de las nuevas infraestructuras se puede intentar un enfoque parecido, pero menos formal en cuanto a contrato, con las personas que la comunidad haya elegido para ser responsables de la gestión. La realización del proyecto con apoyo es un ejercicio estupendo para comenzar.

Sobre el autor

Santiago Arnalich, 32 años

Empieza con 26 años como responsable del Proyecto Kabul CAWSS Water Supply que abastece de agua a 565.000 personas, probablemente el mayor proyecto de abastecimiento de agua del momento. Desde entonces, ha diseñado mejoras para casi un millón de personas, incluyendo campos de refugiados en Tanzania, la ciudad de Meulaboh tras el Tsunami o los barrios pobres de Santa Cruz, Bolivia.

Actualmente es director ejecutivo y cofundador de Uman, Ingeniería para las Personas, una empresa con fuerte compromiso social dedicada a promover el impacto de las organizaciones humanitarias a través de formación y asistencia técnica.

Bibliografía

1. Arnalich, S. (2007). *Epanet y Cooperación. Introducción al Cálculo de Redes de Agua por Ordenador.* Uman, Ingeniería para las Personas.

   http://www.epanet.es/libros.html

2. Arnalich, S. (2007). *Epanet y Cooperación. 44 Ejercicios progresivos comentados paso a paso.* Uman, Ingeniería para las Personas.

   http://www.epanet.es/libros.html

3. AWWA (1992). ANSI / AWWA C651-92. Standards for Disinfecting Water Mains.

4. Corcos, G. (2003). *Air in Water Pipes. A manual for designers of spring-supplied gravity-driven drinking water rural delivery systems.* Agua para la vida.

   http://www.aplv.org/Downloads/AirInPipesManual.pdf

5. Davis J. y Lambert R. (2002). *Engineering in Emergencies. A practical guide for relief workers.* 2º Ed. ITDG publishing.

6. Department of Lands, Valuation and Water (1983). *Gravity Fed Rural Piped Water Schemes.* Republic of Malawi.

7. Dipra Technical Committee (1997). *Thrust Restraint Design for Ductile Iron Pipe.* Dipra.

   http://www.dipra.org/pdf/thrustRestraint.pdf

8. Expert Committee, (1999). *Manual on Water Supply and Treatment.* 3º Ed. Government of India.

9. Fernández Navarro, L. (190?). *Investigación y Alumbramiento de Aguas Subterráneas.* Manuales Soler Nº 87. Ed. Gallach Calpe.

10. Fuertes, V. S. y otros (2002). *Modelación y Diseño de Redes de Abastecimiento de Agua.* Servicio de Publicación de la Universidad Politécnica de Valencia.

11. Harvey, A. y otros (1993). *Micro-hydro Design Manual. A guide to small-scale water power systems.* Intermediate Technology Publications.

12. Jordan T. D. (1980). *A Handbook of Gravity-Flow Water Systems.* Intermediate Technology Publications.

13. Plastic Pipes Institute (2001). *Disinfection of Newly Constructed Polyethylene Water Mains.*

    http://www.plasticpipe.org/pdf/tr-34_disinfection_for_new_polyethylene_mains.pdf

14. Mays L. W. (1999). *Water Distribution Systems Handbook.* McGraw-Hill Press.

15. Meuli, K. y Wehrle, K. (2001). *Spring Catchment.* Series of Manuals on Drinking Water Supply, Volume 4. SKAT publications.

16. Saint-Gobain Canalisation (2001). *Water Mains Catalogue.*

17. Santosh Kumar Garg (2003). *Water Supply Engineering.* 14° ed. Khanna Publishers.

18. Stephenson, D. (1981). *"Pipeline Design for Water Engineers".* Ed. Elsevier.

19. Walski, T. M. y otros (2003). *Advanced Water Distribution Modeling and Management.* Haestad Press, USA. Haestad methods.

    http://www.haestad.com/library/books/awdm/online/wwhelp/wwhimpl/js/html/wwhelp.htm

20. Watt, S. B. (1975). *A Manual on the Hydraulic Ram for Pumping Water.* ITDG Publishing.

21. WHO (1996). *Guidelines for drinking-water quality,* 2° **Ed**. Vol. 2 *Health criteria and other supporting information* y *Addendum to Vol. 2* (1998).

    http://www.who.int/water_sanitation_health/dwq/guidelines2/es/index.html (navegar)

ANEXOS

A. LIMITES FISICO-QUIMICOS EN AGUA POTABLE

Tomados de:
Guidelines for drinking-water quality, 2º Ed. Vol. 2 Health criteria and other supporting information, 1996 (pp. 940-949) y Addendum to Vol. 2 1998 (pp. 281-283) Ginebra, Organización Mundial de la Salud.

Se pueden obtener detalles sobre los parámetros en:
http://www.who.int/water_sanitation_health/dwq/guidelines2/es/index.html

MEDIDAS FÍSICAS:

Parámetro		Comentarios
Salinidad	3000 µs/cm	
Turbidez	5 NTU	Eliminable
pH	<8	Para una cloración eficaz

CON EFECTOS ADVERSOS SOBRE LA SALUD:

Substancia	Límite mg/l	Comentarios
Antimonio	0,005	No común, no eliminable por métodos tradicionales
Arsénico	0,01	Eliminable
Bario	0,7	Tratamiento por intercambio iónico o precipitación
Boro	0,5	No eliminable por métodos tradicionales
Cadmio	0,003	Tratamiento por precipitación o coagulación
Cromo	0,05	Tratamiento por coagulación
Cobre	2	No común, no eliminable por métodos tradicionales
Cianuro	0,07	Eliminable con altas dosis de cloro
Flúor	1,5	Eliminable con alúmina activada
Plomo	0,01	No presente en agua no contaminada
Manganeso	0,5	Oxidación (aireación) y filtración
Mercurio total	0,001	Filtración, sedimentación, intercambio iónico...
Molibdeno	0,07	No eliminable
Níquel	0,02	Eliminable por tratamiento convencional
Nitrato (NO_{3-})	50	Eliminación biológica o intercambio iónico
Nitrito (NO2-)	0,2	Transformación en nitratos por cloración
Selenio	0,01	Selenio IV con coagulación. Selenio IV no eliminable
Uranio	0,002	Eliminable por tratamiento convencional

QUE PUEDEN DAR LUGAR A QUEJAS:

Substancia	Límite mg/l	Comentario
Aluminio	0,2	Deposiciones y decoloraciones
Cobre	1	Manchas en ropa y sanitarios
Hierro	0,3	Manchas en ropa y sanitarios
Manganeso	0,1	Manchas en ropa y sanitarios
Sodio	200	Mal sabor
Sulfatos	250	Mal sabor, corrosión
Sólidos disueltos totales	1000	Mal sabor

BIOLÓGICOS:

Parámetro		Comentarios
Coliformes	0	En cualquier muestra de 100ml

B. TABLAS DE PERDIDA DE CARGA. TUBERIAS DE PLASTICO

(Cortesía de Uralita)

A continuación se reproducen tablas de pérdida de carga para las tuberías más frecuentes. Por motivos de espacio no se reproducen todas las posibilidades. Si necesitarás datos que no están aquí, consulta www.gravitatorio.es/tablasfriccion.html.

Para utilizarlas debes saber el material a utilizar, la presión máxima y el tipo de agua (limpia/sucia) que transportará. Para un caudal de 0,02 l/s, una tubería de PEAD de 25 mm y 16 bares transportando agua limpia (k=0,01) tiene una pérdida de carga de 0,6 m/km.

Ø25 - PN 16 **AGUA LIMPIA: K=0,01**

P.Carga (m/km)	Q (l/s)	V (m/s)
0,50	0,018	0,06
0,60	0,020	0,06
0,70	0,022	0,07

J, pérdida de carga; Q, caudal y V, velocidad.

Importante: Las pérdidas de carga varían ligeramente de unos fabricantes a otros. Si el fabricante te proporciona datos fiables, utiliza los suyos preferentemente.

Las tuberías metálicas se denominan con el diámetro interno. Las de plástico en cambio, se denominan con el externo. Esta tabla resume aproximadamente los valores de diámetro interno (DI) para tuberías de plástico:

DN	25	32	40	50	63	75	90	110	125	140	160	180	200	250	315	400
DI PEAD	20	26	35	44	55	66	79	97	110	123	141	159	176	220	277	353
DI PVC	21	29	36	45	57	68	81	102	115	129	148	159	185	231	291	369

PEAD Ø25 -DI 20,4mm- PN 16		
J (m/km)	Q (l/s)	v (m/s)
0,50	0,018	0,06
0,60	0,020	0,06
0,70	0,022	0,07
0,80	0,024	0,07
0,90	0,026	0,08
1,00	0,028	0,08
1,10	0,029	0,09
1,20	0,031	0,09
1,30	0,032	0,10
1,40	0,034	0,10
1,50	0,035	0,11
1,60	0,037	0,11
1,70	0,038	0,12
1,80	0,039	0,12
1,90	0,041	0,12
2,00	0,042	0,13
2,25	0,045	0,14
2,50	0,048	0,15
2,75	0,050	0,15
3,00	0,053	0,16
3,25	0,056	0,17
3,50	0,058	0,18
3,75	0,061	0,19
4,00	0,063	0,19
4,25	0,065	0,20
4,50	0,067	0,21
4,75	0,070	0,21
5,00	0,072	0,22
5,50	0,076	0,23
6,00	0,080	0,24
6,50	0,084	0,26
7,00	0,087	0,27
7,50	0,091	0,28
8,00	0,094	0,29
8,50	0,098	0,30
9,00	0,101	0,31
10,00	0,107	0,33
12,00	0,119	0,36
15,00	0,136	0,41
20,00	0,160	0,49
30,00	0,202	0,62
45,00	0,254	0,78
60,00	0,299	0,91

PEAD Ø32 -DI 26,2mm- PN 16		
J (m/km)	Q (l/s)	v (m/s)
0,50	0,037	0,07
0,60	0,041	0,08
0,70	0,045	0,08
0,80	0,049	0,09
0,90	0,052	0,10
1,00	0,056	0,10
1,10	0,059	0,11
1,20	0,062	0,11
1,30	0,065	0,12
1,40	0,068	0,13
1,50	0,071	0,13
1,60	0,073	0,14
1,70	0,076	0,14
1,80	0,079	0,15
1,90	0,081	0,15
2,00	0,084	0,16
2,25	0,090	0,17
2,50	0,095	0,18
2,75	0,101	0,19
3,00	0,106	0,20
3,25	0,111	0,21
3,50	0,116	0,22
3,75	0,121	0,22
4,00	0,125	0,23
4,25	0,130	0,24
4,50	0,134	0,25
4,75	0,139	0,26
5,00	0,143	0,26
5,50	0,151	0,28
6,00	0,159	0,29
6,50	0,166	0,31
7,00	0,173	0,32
7,50	0,180	0,33
8,00	0,187	0,35
8,50	0,194	0,36
9,00	0,200	0,37
10,00	0,213	0,39
12,00	0,236	0,44
15,00	0,269	0,50
20,00	0,316	0,59
30,00	0,398	0,74
45,00	0,501	0,93
60,00	0,589	1,09

PEAD Ø40 -DI 35,2mm- PN 10		
J (m/km)	Q (l/s)	v (m/s)
0,50	0,084	0,09
0,60	0,093	0,10
0,70	0,102	0,10
0,80	0,111	0,11
0,90	0,118	0,12
1,00	0,126	0,13
1,10	0,133	0,14
1,20	0,140	0,14
1,30	0,147	0,15
1,40	0,153	0,16
1,50	0,160	0,16
1,60	0,166	0,17
1,70	0,172	0,18
1,80	0,178	0,18
1,90	0,183	0,19
2,00	0,189	0,19
2,25	0,202	0,21
2,50	0,215	0,22
2,75	0,227	0,23
3,00	0,239	0,25
3,25	0,250	0,26
3,50	0,261	0,27
3,75	0,272	0,28
4,00	0,282	0,29
4,25	0,292	0,30
4,50	0,302	0,31
4,75	0,311	0,32
5,00	0,320	0,33
5,50	0,338	0,35
6,00	0,356	0,37
6,50	0,372	0,38
7,00	0,388	0,40
7,50	0,404	0,42
8,00	0,419	0,43
8,50	0,434	0,45
9,00	0,448	0,46
10,00	0,476	0,49
12,00	0,528	0,54
15,00	0,599	0,62
20,00	0,705	0,72
30,00	0,885	0,91
45,00	1,111	1,14
60,00	1,304	1,34

PEAD Ø40 -DI 32,6mm- PN 16		
J (m/km)	Q (l/s)	v (m/s)
0,50	0,068	0,08
0,60	0,075	0,09
0,70	0,083	0,10
0,80	0,089	0,11
0,90	0,096	0,11
1,00	0,102	0,12
1,10	0,108	0,13
1,20	0,113	0,14
1,30	0,119	0,14
1,40	0,124	0,15
1,50	0,129	0,15
1,60	0,134	0,16
1,70	0,139	0,17
1,80	0,144	0,17
1,90	0,148	0,18
2,00	0,153	0,18
2,25	0,164	0,20
2,50	0,174	0,21
2,75	0,184	0,22
3,00	0,193	0,23
3,25	0,203	0,24
3,50	0,211	0,25
3,75	0,220	0,26
4,00	0,228	0,27
4,25	0,237	0,28
4,50	0,244	0,29
4,75	0,252	0,30
5,00	0,260	0,31
5,50	0,274	0,33
6,00	0,288	0,35
6,50	0,302	0,36
7,00	0,315	0,38
7,50	0,328	0,39
8,00	0,340	0,41
8,50	0,352	0,42
9,00	0,364	0,44
10,00	0,386	0,46
12,00	0,429	0,51
15,00	0,487	0,58
20,00	0,573	0,69
30,00	0,720	0,86
45,00	0,904	1,08
60,00	1,061	1,27

PEAD Ø63 -DI 55,4mm- PN 10		
J (m/km)	Q (l/s)	v (m/s)
0,50	0,293	0,12
0,60	0,326	0,14
0,70	0,357	0,15
0,80	0,385	0,16
0,90	0,412	0,17
1,00	0,438	0,18
1,10	0,463	0,19
1,20	0,487	0,20
1,30	0,510	0,21
1,40	0,532	0,22
1,50	0,553	0,23
1,60	0,574	0,24
1,70	0,594	0,25
1,80	0,614	0,25
1,90	0,633	0,26
2,00	0,652	0,27
2,25	0,698	0,29
2,50	0,741	0,31
2,75	0,782	0,32
3,00	0,822	0,34
3,25	0,860	0,36
3,50	0,897	0,37
3,75	0,933	0,39
4,00	0,968	0,40
4,25	1,002	0,42
4,50	1,035	0,43
4,75	1,067	0,44
5,00	1,099	0,46
5,50	1,159	0,48
6,00	1,218	0,51
6,50	1,274	0,53
7,00	1,329	0,55
7,50	1,381	0,57
8,00	1,432	0,59
8,50	1,482	0,61
9,00	1,531	0,63
10,00	1,624	0,67
12,00	1,799	0,75
15,00	2,038	0,85
20,00	2,393	0,99
30,00	2,998	1,24
45,00	3,752	1,56
60,00	4,396	1,82

PEAD Ø63 -DI 51,4mm- PN 16		
J (m/km)	Q (l/s)	v (m/s)
0,50	0,239	0,12
0,60	0,265	0,13
0,70	0,290	0,14
0,80	0,314	0,15
0,90	0,336	0,16
1,00	0,357	0,17
1,10	0,377	0,18
1,20	0,396	0,19
1,30	0,415	0,20
1,40	0,433	0,21
1,50	0,451	0,22
1,60	0,468	0,23
1,70	0,484	0,23
1,80	0,501	0,24
1,90	0,516	0,25
2,00	0,532	0,26
2,25	0,569	0,27
2,50	0,604	0,29
2,75	0,638	0,31
3,00	0,671	0,32
3,25	0,702	0,34
3,50	0,732	0,35
3,75	0,762	0,37
4,00	0,790	0,38
4,25	0,818	0,39
4,50	0,845	0,41
4,75	0,871	0,42
5,00	0,897	0,43
5,50	0,947	0,46
6,00	0,994	0,48
6,50	1,040	0,50
7,00	1,085	0,52
7,50	1,128	0,54
8,00	1,170	0,56
8,50	1,211	0,58
9,00	1,250	0,60
10,00	1,327	0,64
12,00	1,470	0,71
15,00	1,666	0,80
20,00	1,957	0,94
30,00	2,452	1,18
45,00	3,070	1,48
60,00	3,598	1,73

PEAD Ø90 -DI 79,2mm- PN 10		
J (m/km)	Q (l/s)	v (m/s)
0,50	0,780	0,16
0,60	0,866	0,18
0,70	0,946	0,19
0,80	1,021	0,21
0,90	1,092	0,22
1,00	1,160	0,24
1,10	1,225	0,25
1,20	1,287	0,26
1,30	1,347	0,27
1,40	1,405	0,29
1,50	1,461	0,30
1,60	1,516	0,31
1,70	1,569	0,32
1,80	1,620	0,33
1,90	1,671	0,34
2,00	1,720	0,35
2,25	1,839	0,37
2,50	1,951	0,40
2,75	2,059	0,42
3,00	2,163	0,44
3,25	2,263	0,46
3,50	2,359	0,48
3,75	2,452	0,50
4,00	2,543	0,52
4,25	2,631	0,53
4,50	2,717	0,55
4,75	2,801	0,57
5,00	2,882	0,59
5,50	3,041	0,62
6,00	3,192	0,65
6,50	3,339	0,68
7,00	3,480	0,71
7,50	3,617	0,73
8,00	3,749	0,76
8,50	3,878	0,79
9,00	4,004	0,81
10,00	4,246	0,86
12,00	4,699	0,95
15,00	5,318	1,08
20,00	6,236	1,27
30,00	7,798	1,58
45,00	9,740	1,98
60,00	11,398	2,31

PEAD Ø90 -DI 73,6mm- PN 16		
J (m/km)	Q (l/s)	v (m/s)
0,50	0,639	0,15
0,60	0,709	0,17
0,70	0,775	0,18
0,80	0,837	0,20
0,90	0,895	0,21
1,00	0,950	0,22
1,10	1,004	0,24
1,20	1,055	0,25
1,30	1,104	0,26
1,40	1,152	0,27
1,50	1,198	0,28
1,60	1,243	0,29
1,70	1,286	0,30
1,80	1,329	0,31
1,90	1,370	0,32
2,00	1,410	0,33
2,25	1,508	0,35
2,50	1,600	0,38
2,75	1,689	0,40
3,00	1,774	0,42
3,25	1,856	0,44
3,50	1,936	0,45
3,75	2,012	0,47
4,00	2,087	0,49
4,25	2,159	0,51
4,50	2,230	0,52
4,75	2,299	0,54
5,00	2,366	0,56
5,50	2,496	0,59
6,00	2,621	0,62
6,50	2,741	0,64
7,00	2,857	0,67
7,50	2,970	0,70
8,00	3,079	0,72
8,50	3,185	0,75
9,00	3,288	0,77
10,00	3,487	0,82
12,00	3,860	0,91
15,00	4,370	1,03
20,00	5,125	1,20
30,00	6,411	1,51
45,00	8,011	1,88
60,00	9,377	2,20

PEAD Ø110 -DI 96,8mm- PN 10		
J (m/km)	Q (l/s)	v (m/s)
0,50	1,347	0,18
0,60	1,495	0,20
0,70	1,632	0,22
0,80	1,761	0,24
0,90	1,883	0,26
1,00	1,999	0,27
1,10	2,110	0,29
1,20	2,216	0,30
1,30	2,319	0,32
1,40	2,418	0,33
1,50	2,514	0,34
1,60	2,608	0,35
1,70	2,698	0,37
1,80	2,787	0,38
1,90	2,873	0,39
2,00	2,957	0,40
2,25	3,160	0,43
2,50	3,353	0,46
2,75	3,537	0,48
3,00	3,714	0,50
3,25	3,885	0,53
3,50	4,049	0,55
3,75	4,209	0,57
4,00	4,364	0,59
4,25	4,514	0,61
4,50	4,661	0,63
4,75	4,804	0,65
5,00	4,943	0,67
5,50	5,213	0,71
6,00	5,472	0,74
6,50	5,722	0,78
7,00	5,962	0,81
7,50	6,196	0,84
8,00	6,422	0,87
8,50	6,642	0,90
9,00	6,856	0,93
10,00	7,268	0,99
12,00	8,040	1,09
15,00	9,095	1,24
20,00	10,656	1,45
30,00	13,312	1,81
45,00	16,612	2,26
60,00	19,426	2,64

PEAD Ø110 -DI 90mm- PN 16		
J (m/km)	Q (l/s)	v (m/s)
0,50	1,105	0,17
0,60	1,227	0,19
0,70	1,339	0,21
0,80	1,445	0,23
0,90	1,546	0,24
1,00	1,641	0,26
1,10	1,732	0,27
1,20	1,820	0,29
1,30	1,904	0,30
1,40	1,986	0,31
1,50	2,065	0,32
1,60	2,142	0,34
1,70	2,217	0,35
1,80	2,289	0,36
1,90	2,360	0,37
2,00	2,430	0,38
2,25	2,597	0,41
2,50	2,755	0,43
2,75	2,907	0,46
3,00	3,053	0,48
3,25	3,193	0,50
3,50	3,329	0,52
3,75	3,460	0,54
4,00	3,588	0,56
4,25	3,712	0,58
4,50	3,832	0,60
4,75	3,950	0,62
5,00	4,065	0,64
5,50	4,287	0,67
6,00	4,501	0,71
6,50	4,706	0,74
7,00	4,905	0,77
7,50	5,097	0,80
8,00	5,283	0,83
8,50	5,464	0,86
9,00	5,641	0,89
10,00	5,981	0,94
12,00	6,617	1,04
15,00	7,486	1,18
20,00	8,774	1,38
30,00	10,965	1,72
45,00	13,688	2,15
60,00	16,010	2,52

PEAD Ø160 -DI 141mm- PN 10		
J (m/km)	Q (l/s)	v (m/s)
0,50	3,732	0,24
0,60	4,136	0,26
0,70	4,512	0,29
0,80	4,865	0,31
0,90	5,198	0,33
1,00	5,515	0,35
1,10	5,818	0,37
1,20	6,110	0,39
1,30	6,390	0,41
1,40	6,661	0,43
1,50	6,923	0,44
1,60	7,178	0,46
1,70	7,426	0,48
1,80	7,667	0,49
1,90	7,902	0,51
2,00	8,131	0,52
2,25	8,684	0,56
2,50	9,209	0,59
2,75	9,711	0,62
3,00	10,193	0,65
3,25	10,656	0,68
3,50	11,104	0,71
3,75	11,538	0,74
4,00	11,959	0,77
4,25	12,367	0,79
4,50	12,765	0,82
4,75	13,154	0,84
5,00	13,532	0,87
5,50	14,265	0,91
6,00	14,968	0,96
6,50	15,644	1,00
7,00	16,298	1,04
7,50	16,930	1,08
8,00	17,543	1,12
8,50	18,138	1,16
9,00	18,718	1,20
10,00	19,835	1,27
12,00	21,924	1,40
15,00	24,775	1,59
20,00	28,994	1,86
30,00	36,156	2,32
45,00	45,043	2,88
60,00	52,609	3,37

PEAD Ø160 -DI 130,8mm- PN 16		
J (m/km)	Q (l/s)	v (m/s)
0,50	3,046	0,23
0,60	3,377	0,25
0,70	3,685	0,27
0,80	3,973	0,30
0,90	4,246	0,32
1,00	4,506	0,34
1,10	4,754	0,35
1,20	4,992	0,37
1,30	5,222	0,39
1,40	5,443	0,41
1,50	5,658	0,42
1,60	5,867	0,44
1,70	6,069	0,45
1,80	6,267	0,47
1,90	6,459	0,48
2,00	6,647	0,49
2,25	7,100	0,53
2,50	7,530	0,56
2,75	7,941	0,59
3,00	8,335	0,62
3,25	8,715	0,65
3,50	9,082	0,68
3,75	9,438	0,70
4,00	9,782	0,73
4,25	10,117	0,75
4,50	10,443	0,78
4,75	10,761	0,80
5,00	11,072	0,82
5,50	11,672	0,87
6,00	12,248	0,91
6,50	12,803	0,95
7,00	13,338	0,99
7,50	13,856	1,03
8,00	14,359	1,07
8,50	14,847	1,10
9,00	15,322	1,14
10,00	16,238	1,21
12,00	17,951	1,34
15,00	20,290	1,51
20,00	23,750	1,77
30,00	29,627	2,20
45,00	36,921	2,75
60,00	43,133	3,21

PEAD Ø200 -DI 176,2mm- PN 10		
J (m/km)	Q (l/s)	v (m/s)
0,50	6,805	0,28
0,60	7,539	0,31
0,70	8,221	0,34
0,80	8,860	0,36
0,90	9,463	0,39
1,00	10,038	0,41
1,10	10,587	0,43
1,20	11,114	0,46
1,30	11,621	0,48
1,40	12,112	0,50
1,50	12,586	0,52
1,60	13,047	0,54
1,70	13,495	0,55
1,80	13,931	0,57
1,90	14,356	0,59
2,00	14,771	0,61
2,25	15,769	0,65
2,50	16,719	0,69
2,75	17,625	0,72
3,00	18,496	0,76
3,25	19,333	0,79
3,50	20,142	0,83
3,75	20,925	0,86
4,00	21,684	0,89
4,25	22,422	0,92
4,50	23,140	0,95
4,75	23,840	0,98
5,00	24,524	1,01
5,50	25,846	1,06
6,00	27,113	1,11
6,50	28,333	1,16
7,00	29,510	1,21
7,50	30,650	1,26
8,00	31,754	1,30
8,50	32,828	1,35
9,00	33,872	1,39
10,00	35,884	1,47
12,00	39,645	1,63
15,00	44,778	1,84
20,00	52,366	2,15
30,00	65,239	2,68
45,00	81,195	3,33
60,00	94,771	3,89

PEAD Ø200 -DI 163,6mm- PN 16		
J (m/km)	Q (l/s)	v (m/s)
0,50	5,573	0,27
0,60	6,175	0,29
0,70	6,734	0,32
0,80	7,258	0,35
0,90	7,754	0,37
1,00	8,225	0,39
1,10	8,676	0,41
1,20	9,108	0,43
1,30	9,525	0,45
1,40	9,928	0,47
1,50	10,317	0,49
1,60	10,695	0,51
1,70	11,063	0,53
1,80	11,421	0,54
1,90	11,770	0,56
2,00	12,111	0,58
2,25	12,931	0,62
2,50	13,710	0,65
2,75	14,455	0,69
3,00	15,170	0,72
3,25	15,858	0,75
3,50	16,523	0,79
3,75	17,166	0,82
4,00	17,790	0,85
4,25	18,396	0,88
4,50	18,986	0,90
4,75	19,562	0,93
5,00	20,123	0,96
5,50	21,209	1,01
6,00	22,251	1,06
6,50	23,254	1,11
7,00	24,221	1,15
7,50	25,158	1,20
8,00	26,066	1,24
8,50	26,948	1,28
9,00	27,807	1,32
10,00	29,461	1,40
12,00	32,554	1,55
15,00	36,775	1,75
20,00	43,017	2,05
30,00	53,609	2,55
45,00	66,741	3,17
60,00	77,918	3,71

PVC Ø40 -DI 36,2mm- PN 10		
J (m/km)	**Q (l/s)**	**v m/s)**
0,50	0,091	0,09
0,60	0,101	0,10
0,70	0,110	0,11
0,80	0,119	0,12
0,90	0,128	0,12
1,00	0,136	0,13
1,10	0,144	0,14
1,20	0,151	0,15
1,30	0,159	0,15
1,40	0,166	0,16
1,50	0,172	0,17
1,60	0,179	0,17
1,70	0,186	0,18
1,80	0,192	0,19
1,90	0,198	0,19
2,00	0,204	0,20
2,25	0,218	0,21
2,50	0,232	0,23
2,75	0,245	0,24
3,00	0,258	0,25
3,25	0,270	0,26
3,50	0,282	0,27
3,75	0,293	0,28
4,00	0,304	0,30
4,25	0,315	0,31
4,50	0,326	0,32
4,75	0,336	0,33
5,00	0,346	0,34
5,50	0,365	0,35
6,00	0,384	0,37
6,50	0,402	0,39
7,00	0,419	0,41
7,50	0,436	0,42
8,00	0,452	0,44
8,50	0,468	0,45
9,00	0,484	0,47
10,00	0,514	0,50
12,00	0,570	0,55
15,00	0,646	0,63
20,00	0,760	0,74
30,00	0,955	0,93
45,00	1,198	1,16
60,00	1,406	1,37

PVC Ø40 -DI 34mm- PN 16		
J (m/km)	**Q (l/s)**	**v (m/s)**
0,50	0,076	0,08
0,60	0,085	0,09
0,70	0,093	0,10
0,80	0,100	0,11
0,90	0,108	0,12
1,00	0,114	0,13
1,10	0,121	0,13
1,20	0,127	0,14
1,30	0,133	0,15
1,40	0,139	0,15
1,50	0,145	0,16
1,60	0,151	0,17
1,70	0,156	0,17
1,80	0,161	0,18
1,90	0,167	0,18
2,00	0,172	0,19
2,25	0,184	0,20
2,50	0,195	0,22
2,75	0,206	0,23
3,00	0,217	0,24
3,25	0,227	0,25
3,50	0,237	0,26
3,75	0,247	0,27
4,00	0,256	0,28
4,25	0,265	0,29
4,50	0,274	0,30
4,75	0,283	0,31
5,00	0,291	0,32
5,50	0,308	0,34
6,00	0,324	0,36
6,50	0,339	0,37
7,00	0,353	0,39
7,50	0,368	0,40
8,00	0,381	0,42
8,50	0,395	0,43
9,00	0,408	0,45
10,00	0,433	0,48
12,00	0,481	0,53
15,00	0,545	0,60
20,00	0,642	0,71
30,00	0,806	0,89
45,00	1,012	1,11
60,00	1,188	1,31

PVC Ø63 -DI 57mm- PN 10		
J (m/km)	Q (l/s)	v m/s)
0,50	0,317	0,12
0,60	0,353	0,14
0,70	0,385	0,15
0,80	0,416	0,16
0,90	0,446	0,17
1,00	0,474	0,19
1,10	0,500	0,20
1,20	0,526	0,21
1,30	0,551	0,22
1,40	0,575	0,23
1,50	0,598	0,23
1,60	0,620	0,24
1,70	0,642	0,25
1,80	0,664	0,26
1,90	0,684	0,27
2,00	0,705	0,28
2,25	0,754	0,30
2,50	0,801	0,31
2,75	0,845	0,33
3,00	0,888	0,35
3,25	0,929	0,36
3,50	0,969	0,38
3,75	1,008	0,40
4,00	1,046	0,41
4,25	1,082	0,42
4,50	1,118	0,44
4,75	1,153	0,45
5,00	1,187	0,47
5,50	1,252	0,49
6,00	1,315	0,52
6,50	1,376	0,54
7,00	1,435	0,56
7,50	1,492	0,58
8,00	1,547	0,61
8,50	1,601	0,63
9,00	1,653	0,65
10,00	1,754	0,69
12,00	1,942	0,76
15,00	2,200	0,86
20,00	2,583	1,01
30,00	3,236	1,27
45,00	4,049	1,59
60,00	4,744	1,86

PVC Ø63 -DI 53,6mm- PN 16		
J (m/km)	Q (l/s)	v (m/s)
0,50	0,268	0,12
0,60	0,298	0,13
0,70	0,326	0,14
0,80	0,352	0,16
0,90	0,377	0,17
1,00	0,400	0,18
1,10	0,423	0,19
1,20	0,445	0,20
1,30	0,466	0,21
1,40	0,486	0,22
1,50	0,506	0,22
1,60	0,525	0,23
1,70	0,543	0,24
1,80	0,561	0,25
1,90	0,579	0,26
2,00	0,596	0,26
2,25	0,638	0,28
2,50	0,677	0,30
2,75	0,715	0,32
3,00	0,752	0,33
3,25	0,787	0,35
3,50	0,820	0,36
3,75	0,853	0,38
4,00	0,885	0,39
4,25	0,916	0,41
4,50	0,946	0,42
4,75	0,976	0,43
5,00	1,005	0,45
5,50	1,060	0,47
6,00	1,114	0,49
6,50	1,165	0,52
7,00	1,215	0,54
7,50	1,263	0,56
8,00	1,310	0,58
8,50	1,356	0,60
9,00	1,400	0,62
10,00	1,486	0,66
12,00	1,646	0,73
15,00	1,865	0,83
20,00	2,190	0,97
30,00	2,744	1,22
45,00	3,435	1,52
60,00	4,025	1,78

PVC Ø90 -DI 81,4mm- PN 10		
J (m/km)	Q (l/s)	v (m/s)
0,50	0,841	0,16
0,60	0,933	0,18
0,70	1,019	0,20
0,80	1,100	0,21
0,90	1,177	0,23
1,00	1,250	0,24
1,10	1,319	0,25
1,20	1,386	0,27
1,30	1,451	0,28
1,40	1,513	0,29
1,50	1,574	0,30
1,60	1,632	0,31
1,70	1,689	0,32
1,80	1,745	0,34
1,90	1,799	0,35
2,00	1,852	0,36
2,25	1,980	0,38
2,50	2,101	0,40
2,75	2,217	0,43
3,00	2,329	0,45
3,25	2,436	0,47
3,50	2,540	0,49
3,75	2,640	0,51
4,00	2,738	0,53
4,25	2,833	0,54
4,50	2,925	0,56
4,75	3,015	0,58
5,00	3,103	0,60
5,50	3,273	0,63
6,00	3,436	0,66
6,50	3,594	0,69
7,00	3,746	0,72
7,50	3,893	0,75
8,00	4,035	0,78
8,50	4,174	0,80
9,00	4,309	0,83
10,00	4,570	0,88
12,00	5,057	0,97
15,00	5,723	1,10
20,00	6,710	1,29
30,00	8,389	1,61
45,00	10,478	2,01
60,00	12,260	2,36

PVC Ø90 -DI 76,6mm- PN 16		
J (m/km)	Q (l/s)	v (m/s)
0,50	0,712	0,15
0,60	0,791	0,17
0,70	0,864	0,19
0,80	0,933	0,20
0,90	0,998	0,22
1,00	1,060	0,23
1,10	1,119	0,24
1,20	1,176	0,26
1,30	1,230	0,27
1,40	1,283	0,28
1,50	1,335	0,29
1,60	1,385	0,30
1,70	1,433	0,31
1,80	1,480	0,32
1,90	1,526	0,33
2,00	1,571	0,34
2,25	1,680	0,36
2,50	1,783	0,39
2,75	1,882	0,41
3,00	1,976	0,43
3,25	2,068	0,45
3,50	2,156	0,47
3,75	2,241	0,49
4,00	2,324	0,50
4,25	2,405	0,52
4,50	2,483	0,54
4,75	2,560	0,56
5,00	2,635	0,57
5,50	2,779	0,60
6,00	2,918	0,63
6,50	3,052	0,66
7,00	3,181	0,69
7,50	3,306	0,72
8,00	3,428	0,74
8,50	3,546	0,77
9,00	3,661	0,79
10,00	3,882	0,84
12,00	4,297	0,93
15,00	4,864	1,06
20,00	5,704	1,24
30,00	7,133	1,55
45,00	8,912	1,93
60,00	10,429	2,26

PVC Ø110 -DI 101,6mm- PN 10		
J (m/km)	Q (l/s)	v (m/s)
0,50	1,536	0,19
0,60	1,705	0,21
0,70	1,861	0,23
0,80	2,008	0,25
0,90	2,146	0,26
1,00	2,278	0,28
1,10	2,405	0,30
1,20	2,526	0,31
1,30	2,643	0,33
1,40	2,756	0,34
1,50	2,865	0,35
1,60	2,971	0,37
1,70	3,075	0,38
1,80	3,175	0,39
1,90	3,273	0,40
2,00	3,369	0,42
2,25	3,600	0,44
2,50	3,819	0,47
2,75	4,029	0,50
3,00	4,231	0,52
3,25	4,425	0,55
3,50	4,612	0,57
3,75	4,793	0,59
4,00	4,970	0,61
4,25	5,141	0,63
4,50	5,307	0,65
4,75	5,470	0,67
5,00	5,629	0,69
5,50	5,936	0,73
6,00	6,230	0,77
6,50	6,514	0,80
7,00	6,788	0,84
7,50	7,053	0,87
8,00	7,310	0,90
8,50	7,560	0,93
9,00	7,803	0,96
10,00	8,272	1,02
12,00	9,150	1,13
15,00	10,349	1,28
20,00	12,124	1,50
30,00	15,142	1,87
45,00	18,891	2,33
60,00	22,088	2,72

PVC Ø110 -DI 96,8mm- PN 16		
J (m/km)	Q (l/s)	v (m/s)
0,50	1,347	0,18
0,60	1,495	0,20
0,70	1,632	0,22
0,80	1,761	0,24
0,90	1,883	0,26
1,00	1,999	0,27
1,10	2,110	0,29
1,20	2,216	0,30
1,30	2,319	0,32
1,40	2,418	0,33
1,50	2,514	0,34
1,60	2,608	0,35
1,70	2,698	0,37
1,80	2,787	0,38
1,90	2,873	0,39
2,00	2,957	0,40
2,25	3,160	0,43
2,50	3,353	0,46
2,75	3,537	0,48
3,00	3,714	0,50
3,25	3,885	0,53
3,50	4,049	0,55
3,75	4,209	0,57
4,00	4,364	0,59
4,25	4,514	0,61
4,50	4,661	0,63
4,75	4,804	0,65
5,00	4,943	0,67
5,50	5,213	0,71
6,00	5,472	0,74
6,50	5,722	0,78
7,00	5,962	0,81
7,50	6,196	0,84
8,00	6,422	0,87
8,50	6,642	0,90
9,00	6,856	0,93
10,00	7,268	0,99
12,00	8,040	1,09
15,00	9,095	1,24
20,00	10,656	1,45
30,00	13,312	1,81
45,00	16,612	2,26
60,00	19,426	2,64

PVC Ø160 -DI 147,6mm- PN 10		
J (m/km)	Q (l/s)	v (m/s)
0,50	4,222	0,25
0,60	4,680	0,27
0,70	5,104	0,30
0,80	5,503	0,32
0,90	5,879	0,34
1,00	6,238	0,36
1,10	6,580	0,38
1,20	6,909	0,40
1,30	7,226	0,42
1,40	7,532	0,44
1,50	7,828	0,46
1,60	8,116	0,47
1,70	8,395	0,49
1,80	8,668	0,51
1,90	8,933	0,52
2,00	9,193	0,54
2,25	9,816	0,57
2,50	10,409	0,61
2,75	10,976	0,64
3,00	11,520	0,67
3,25	12,044	0,70
3,50	12,550	0,73
3,75	13,039	0,76
4,00	13,514	0,79
4,25	13,976	0,82
4,50	14,425	0,84
4,75	14,863	0,87
5,00	15,291	0,89
5,50	16,118	0,94
6,00	16,911	0,99
6,50	17,675	1,03
7,00	18,412	1,08
7,50	19,125	1,12
8,00	19,817	1,16
8,50	20,490	1,20
9,00	21,144	1,24
10,00	22,404	1,31
12,00	24,761	1,45
15,00	27,979	1,64
20,00	32,738	1,91
30,00	40,818	2,39
45,00	50,839	2,97
60,00	59,371	3,47

PVC Ø160 -DI 141mm- PN 16		
J (m/km)	Q (l/s)	v (m/s)
0,50	3,732	0,24
0,60	4,136	0,26
0,70	4,512	0,29
0,80	4,865	0,31
0,90	5,198	0,33
1,00	5,515	0,35
1,10	5,818	0,37
1,20	6,110	0,39
1,30	6,390	0,41
1,40	6,661	0,43
1,50	6,923	0,44
1,60	7,178	0,46
1,70	7,426	0,48
1,80	7,667	0,49
1,90	7,902	0,51
2,00	8,131	0,52
2,25	8,684	0,56
2,50	9,209	0,59
2,75	9,711	0,62
3,00	10,193	0,65
3,25	10,656	0,68
3,50	11,104	0,71
3,75	11,538	0,74
4,00	11,959	0,77
4,25	12,367	0,79
4,50	12,765	0,82
4,75	13,154	0,84
5,00	13,532	0,87
5,50	14,265	0,91
6,00	14,968	0,96
6,50	15,644	1,00
7,00	16,298	1,04
7,50	16,930	1,08
8,00	17,543	1,12
8,50	18,138	1,16
9,00	18,718	1,20
10,00	19,835	1,27
12,00	21,924	1,40
15,00	24,775	1,59
20,00	28,994	1,86
30,00	36,156	2,32
45,00	45,043	2,88
60,00	52,609	3,37

PVC Ø200 -DI 184,6mm- PN 10		
J (m/km)	Q (l/s)	v (m/s)
0,50	7,714	0,29
0,60	8,545	0,32
0,70	9,316	0,35
0,80	10,04	0,38
0,90	10,723	0,4
1,00	11,373	0,42
1,10	11,995	0,45
1,20	12,591	0,47
1,30	13,166	0,49
1,40	13,721	0,51
1,50	14,258	0,53
1,60	14,779	0,55
1,70	15,286	0,57
1,80	15,779	0,59
1,90	16,26	0,61
2,00	16,73	0,63
2,25	17,86	0,67
2,50	18,934	0,71
2,75	19,96	0,75
3,00	20,944	0,78
3,25	21,892	0,82
3,50	22,807	0,85
3,75	23,692	0,89
4,00	24,551	0,92
4,25	25,386	0,95
4,50	26,198	0,98
4,75	26,99	1,01
5,00	27,763	1,04
5,50	29,258	1,09
6,00	30,691	1,15
6,50	32,071	1,2
7,00	33,402	1,25
7,50	34,691	1,3
8,00	35,94	1,34
8,50	37,154	1,39
9,00	38,335	1,43
10,00	40,609	1,52
12,00	44,862	1,68
15,00	50,665	1,89
20,00	59,242	2,21
30,00	73,791	2,76
45,00	91,821	3,43
60,00	107,159	4,00

PVC Ø200 -DI 176,2mm- PN 16		
J (m/km)	Q (l/s)	v (m/s)
0,50	6,805	0,28
0,60	7,539	0,31
0,70	8,221	0,34
0,80	8,86	0,36
0,90	9,463	0,39
1,00	10,038	0,41
1,10	10,587	0,43
1,20	11,114	0,46
1,30	11,621	0,48
1,40	12,112	0,5
1,50	12,586	0,52
1,60	13,047	0,54
1,70	13,495	0,55
1,80	13,931	0,57
1,90	14,356	0,59
2,00	14,771	0,61
2,25	15,769	0,65
2,50	16,719	0,69
2,75	17,625	0,72
3,00	18,496	0,76
3,25	19,333	0,79
3,50	20,142	0,83
3,75	20,925	0,86
4,00	21,684	0,89
4,25	22,422	0,92
4,50	23,14	0,95
4,75	23,84	0,98
5,00	24,524	1,01
5,50	25,846	1,06
6,00	27,113	1,11
6,50	28,333	1,16
7,00	29,51	1,21
7,50	30,65	1,26
8,00	31,754	1,3
8,50	32,828	1,35
9,00	33,872	1,39
10,00	35,88	1,47
12,00	39,65	1,63
15,00	44,78	1,84
20,00	52,37	2,15
30,00	65,24	2,68
45,00	81,20	3,33
60,00	94,77	3,89

C. TABLA DE PERDIDA DE CARGA. HIERRO GALVANIZADO

Valores aproximados de pérdida de carga en m/km de tubería de hierro galvanizado para tubería de media edad calculados usando la fórmula de Hazen-Williams.

Importante: Las pérdidas de carga varían ligeramente de unos fabricantes a otros y según las supuestos de cálculo. Si el fabricante te proporciona datos fiables, utiliza los suyos preferentemente.

Caudal	1/2"	1"	1 1/2"	2"	3"	4"	5"	6"
l/s	15mm	25mm	40mm	50mm	80mm	100mm	125mm	150mm
0,02	2,28							
0,05	12,46	1,22						
0,1	45,00	4,39						
0,15	95,34	9,31	0,94					
0,2	162,44	15,86	1,61					
0,25	245,56	23,97	2,43					
0,3	344,19	33,60	3,41	1,15				
0,35	457,92	44,71	4,53	1,53				
0,4	586,40	57,25	5,80	1,96				
0,45	729,33	71,20	7,22	2,43				
0,5	886,48	86,55	8,77	2,96				
0,6		121,31	12,30	4,15				
0,7		161,39	16,36	5,52				
0,8		206,67	20,95	7,07				
0,9		257,05	26,06	8,79				
1		312,43	31,67	10,68	0,92			
1,1		372,75	37,79	12,75	1,10			
1,2		437,93	44,40	14,98	1,29			
1,3		507,90	51,49	17,37	1,50			
1,4		582,62	59,06	19,92	1,72			
1,5		662,03	67,11	22,64	1,95			
1,6		746,08	75,63	25,51	2,20			
1,7			84,62	28,55	2,46			
1,8			94,07	31,73	2,74			
1,9			103,98	35,07	3,03	1,02		
2			57,13	38,57	3,33	1,12		

Valores de pérdida de carga en m/km

Valores calculados sin ajuste por velocidad (válido para velocidades menores a 3m/s). Coeficiente de 110 para tuberías menores de 3" y 120 para 3" y mayores, correspondientes a tubería medianamente envejecida para aguas con carácter neutro (Indice de Langelier ±0,5).

l/s	15mm	25mm	40mm	50mm	80mm	100mm	125mm	150mm
2,2			64,38	46,02	3,97	1,34		
2,4			72,03	54,06	4,66	1,57		
2,6			80,07	62,70	5,41	1,83		
2,8			88,50	71,92	6,21	2,09		
3			97,32	81,73	7,05	2,38		
3,2			116,11	92,10	7,95	2,68		
3,4			136,41	103,05	8,89	3,00	1,01	
3,6			158,21	114,55	9,88	3,33	1,12	
3,8			181,49	126,62	10,93	3,69	1,24	
4			206,22	139,24	12,01	4,05	1,37	
4,5			232,41	173,18	14,94	5,04	1,70	
5				210,49	18,16	6,13	2,07	
5,5				251,13	21,67	7,31	2,47	1,01
6				295,04	25,46	8,59	2,90	1,19
6,5				342,18	29,53	9,96	3,36	1,38
7					33,87	11,43	3,85	1,59
8					43,37	14,63	4,94	2,03
9					53,94	18,20	6,14	2,53
10					65,57	22,12	7,46	3,07
11					78,23	26,39	8,90	3,66
12					91,90	31,00	10,46	4,30
15					138,94	46,87	15,81	6,51
20					236,70	79,84	26,93	11,08
25					357,83	120,70	40,72	16,76
30						169,19	57,07	23,49
40						288,24	97,23	40,01
50						435,75	146,99	60,49
Caudal	1/2"	1"	1 1/2"	2"	3"	4"	5"	6"

Para calcular valores intermedios, puedes usar la fórmula de Hazen-Williams teniendo en cuenta las precauciones y valores en la nota del cuadro:

$$h = \frac{10{,}7 L Q^{1{,}852}}{C^{1{,}852} D^{4{,}87}}$$

Siendo: h, pérdida de carga en metros; L, longitud en metros; C, coeficiente de fricción y D, diámetro en metros.

D. PRECIO Y LOGISTICA DEL PEAD

Precios aproximados del año 2007 sin transporte ni impuestos. Los precios y longitudes por rollo se exponen a modo de referencia y pueden cambiar de unos proveedores a otros.

PN 10 (SDR 11)				
Diámetro	**Peso**	**Peso rollo**	**Longitud rollo**	**Precio bruto**
mm	**kg/m**	**kg**	**m**	**EURO/m**
25	0,21	128	250	0,501
32	0,27	129	200	0,629
40	0,42	138	150	0,918
50	0,66	141	100	1,445
63	1,04	179	100	2,242
75	1,47	222	100	3,242
90	2,11	286	100	4,518
110	3,14	389	100	6,757
125	4,06	----	----	9,213
160	6,67	----	----	14,518
200	10,4	----	----	22,400
225	13,1	----	----	28,108

Los rollos tienen un diámetro aproximado de 1,5m y el soporte pesa alrededor de 75kg. Es frecuente que los rollos de 90 y 110m tengan longitudes de sólo 25m.

E. PRECIO Y LOGISTICA DEL PVC

Precios aproximados del año 2007 sin transporte ni impuestos.

Clase D Unión elástica				
Diámetro	**Peso**	**Peso tubo**	**Longitud**	**Precio**
mm	**kg/m**	**kg**	**m**	**EURO/m**
63	0,85	5	6	2,76
75	1,25	7	6	3,94
90	1,90	11	6	5,52
110	3,16	19	6	6,36
125	4,74	28	6	8,19
160	6,84	41	6	13,52
200	10,46	63	6	20,86
250	16,23	97	6	32,46
315	22,81	137	6	51,53
400	----	----	6	82,54

Clase D Unión encolada				
Diámetro	**Peso**	**Peso tubo**	**Longitud tubo**	**Precio bruto**
mm	**kg/m**	**kg/m**	**m**	**EURO/m**
40	0,42	3	6	1,18
50	0,59	4	6	1,73
63	0,82	5	6	2,66
75	1,2	7	6	3,73
90	1,82	11	6	5,34
110	3,03	18	6	6,14
125	4,55	27	6	7,92
160	6,57	39	6	13,09
200	10,05	60	6	20,19
250	15,59	94	6	31,42
315	21,91	131	6	49,88

F. PROCESO DE SOLDADURA A TOPE DE PEAD

Los tiempos exactos dependen de la máquina que uses. Algunas aplican la presión adecuada automáticamente, pero por su precio, es improbable utilizarlas en un contexto de cooperación. A continuación se reproduce una guía rápida sobre el proceso que se utilizó en Afganistan:

رهنما یی مختصر بر ا ی اتصا ل پیپ ها ی پلاستیکی

تو سط ما شین بت فیو ژن ولدنگ

Guía rápida para la soldadura a tope de PEAD

سینتیا گو ارنا لیچ ـافغانستان ۲۰۰۳

Santiago Arnalich Afganistán 2003

جا بجا نمو د ن پیپ اولی

Coloca en posición y fijar la primera tubería.

جا بجا نمو د ن پیپ دومی

Coloca en posición y fijar la segunda tubería.

بر یدن انجا م ها ی پیپ ها

Recorta las irregularidades de los bordes con la cuchilla giratoria.

امتحا ن نمو د ن انجا م ها ی پیپ

ها ی قطع شد ه

انجام ها ی پیپ ها با ید لشم بوده و بدون تیزی

و نا هموا ری با شند

Comprueba que los extremos son regulares, sin rebabas o rebordes apreciables.

امتحان نمودن انطباق پیپ ها

انجامهای پیپ ها با ید به صورت دقیق

با هم برابر شده و خط مستقیمی را

تشکیل داده و خالیگاه بین شان اضافه

از ۱ملیمتر نباشد.

Comprueba el alineamiento. Las dos tuberías deben confrontare en una línea recta. La separación máxima es 1mm.

انطباق غلط پیپ ها

شما ره ۱ انطباق غلط انجام های پیپ ها

را نشان میدهد طو ریکه پیپ ها با لا و

پا ئین بوده بین شان پته پایه، تشکیل شده

شما ره ۲ شگاف اضافی را نشان میدهد.

Ejemplo de un alineamiento incorrecto que deja huecos y escalones.

پاك نمودن انجامهای پیپ ها و صفحهء
حرارت دهنده (شماره ۵)

انجام پیپها و صفحهء حرارت دهنده باید توسط
پارچهءکه در اتایل و یا پروپایل الکول تر شده با شد
پاك شوند. دیگر مواد پاك کننده با ید استعما ل نگردد
زیرا که پیپها را متضرر می سازند. بعد از پاکاری
به انجامهای پیپ ها دست نزنید.

Limpia los extremos de las tuberías y la placa de soldadura (5b) con alcohol etílico. NO UTILICES OTROS PRODUCTOS DE LIMPIEZA . Pueden dañar la tubería o impedir la unión. No toques los extremos de las tuberías una vez han sido limpiados.

5 Minutos ۵دقیقه

گرم ساختن صفحهء حرارت دهنده

درجه ۲۰۰ سانیگرید را انتخاب نموده

برای ۵ دقیقه انتظار بکشید تا صفحهء

حرارت دهنده به حرارت مطلوب برسد.

Calentamiento de la placa de soldadura. Selecciona 200 ºC, y deja que se caliente durante **5 minutos** para que llegue a la temperatura adecuada.

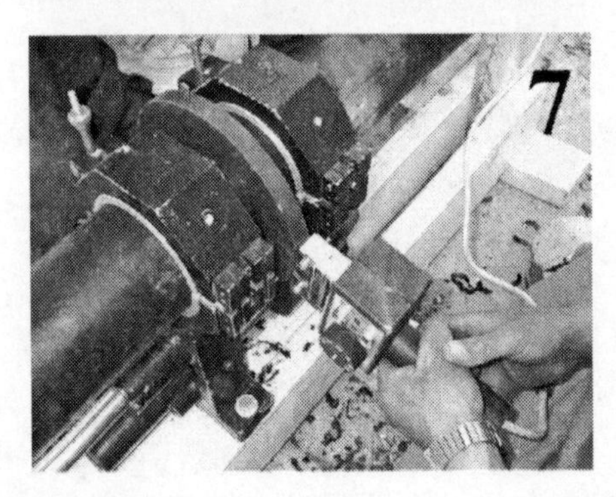

2 Minutos ۲دقیقه

حرارت دادن انجامهای پیپها

صفحهء حرارت دهنده را بین انجام پیپها

گذا شته و اندکی فشار وارد کنید.

Calienta los bordes colocando la placa entre las tuberías y presionando contra ella.

2 Minutos ٢ دقيقه

وصل نمودن انجامهای پیپها

صفحهء حرارت دهنده را دور نموده

انجامهای پیپها ار بهم فشار دهید ,

طوریکه فشار تدریجاً اضافه گردد.

Unión de los bordes. Saca la placa y une las tuberías aumentando paulatinamente la presión de unión.

15 Minutos

١٥ دقيقه

جلوگیری از حرکت در وقت سرد شدن

فشار وارده را کاملاً رفع نموده پیپها را برای ١٥ دقیقه شور ندهید. کوشش نکنید تا پیپها را سرد سازید. شور دادن و سرد ساختن پیپها در این مدت با عث اتصال بسیار ضعیف پیپ ها میگردد.

Inmobilización y enfriamiento. Cesa completamente la presión y deja reposar la tuberías durante 15minutos antes de cualquier movimiento. NO INTENTES ENFRIAR LA TUBERÍA. Las uniones que han sido enfriadas o movidas en este periodo son considerablemente más débiles.